新版 鉄筋コンクリート工学 [第2版]

性能照査型設計法へのアプローチ

大塚浩司
小出英夫
武田三弘
阿波 稔
子田康弘

共著

技報堂出版

1. 鉄筋コンクリート・プレストレストコンクリートの活用

写真-1　東京スカイツリー（鉄筋コンクリートの「心柱」による制振構造が、2011年3月11日に発生した東北地方太平洋沖地震からタワーを守った）

写真-2　第一玉川橋梁（斜版橋　秋田県）

写真-3　鮎の瀬大橋（斜張橋とV字橋脚　熊本県）

写真-4　角島大橋（多径間連続箱桁橋　山口県）

写真-5 コロラドリバー(Colorado River)橋とフーバー(Hoover)ダム
（アーチ橋，重力式アーチダム　アメリカ）
（(株)ピーエス三菱 提供）

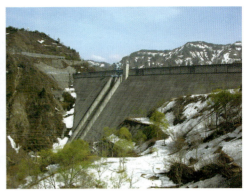

写真-6 奥只見ダム（重力式コンクリートダム　福島県）

2. 鉄筋コンクリート・プレストレストコンクリートと地震

写真-7 耐震設計を考慮していない橋脚

写真-8 耐震設計を考慮した橋脚

写真-9 橋脚の破壊（1995年 兵庫県南部地震　神戸市）
（竹中土木(株)　宮家満司 氏 撮影）*

写真-10 橋脚の破壊（1995年 兵庫県南部地震　神戸市）
（竹中土木(株)　宮家満司 氏 撮影）*

写真-11 柱の破壊(1978年 宮城県沖地震)

写真-13 大きな地盤変位による橋脚の崩壊
(2008年 岩手・宮城内陸地震 祭時大橋)

写真-14 津波による防潮堤の破壊
(2011年 東北地方太平洋沖地震)

写真-12 橋脚のせん断破壊
(1995年 兵庫県南部地震 西宮市)
(東京大学 目黒公郎 氏 撮影)*

写真-15 津波による擁壁の転倒
(2011年 東北地方太平洋沖地震)

3. 異形鉄筋の使用現場

写真-16 プレストレストコンクリート桁の配筋状況

写真-17 サグラダ・ファミリア(Sagrada Familia)の工事で使用されている異形鉄筋

*：阪神・淡路大震災スライド集，日本建築学会・土木学会より

新版発刊にあたって

　本書は，大学および工業高等専門学校の建設系学科の学部学生を対象とした，鉄筋コンクリート工学の基礎に関する教科書である．

　本書の初版の発行は，1989年4月であった．著者は，東北地方でコンクリートを研究する仲間として日頃親しくつきあっていた大塚浩司（東北学院大学），庄谷征美（八戸工業大学），外門正直（東北工業大学）および原忠勝（日本大学工学部）の4名であった．当時は，許容応力度設計法から限界状態設計法への移行が始まった時期であり，たまたま，授業で使う適当な教科書がないことが話題になった際，それでは「自分たちの使う教科書を自分たちで教えやすいように書こう」という話になったことが本書の発端であった．初版を出版した当初，本書は「自分たちで使う教科書」という気持ちであったため，内容の不十分なところは各自授業で補足すればよいと考えていた．ところが，その後，思いの外多くの大学，高専で教科書として使用して頂いていることがわかり，感謝の気持ちと同時に責任の重さを痛感した．そこで改訂にあたっては，出版社を通じて，教科書として使用してくださっている先生方のご意見ご要望をおうかがいした．そのようにして，1993年9月に第2版，1997年2月に第3版，そして2007年4月に第3版9刷を発行した．しかし，大変悲しいことに，著者のお一人である原先生が2004年5月に他界され，そして2010年6月には庄谷先生も他界された．原先生は，教育・研究者としてだけではなく，技術士として現場の指導に活躍されていた．また，庄谷先生は，大学を取り巻く厳しい社会情勢の中にあって地方私立大学の学長として奮闘されていた．お二人が現役のまま他界されたことは誠に残念なことである．このような事情もあって，本書は，その後の改訂が行われないままとなっていた．にもかかわらず，現在でも多くの大学で教科書として使用して頂い

ている．また，本書における鉄筋コンクリート工学の基本的内容には大きな問題がないとしても，新しい基準類に対応していない箇所がでてきた．そこで，このたび改訂新版を出版することにした．

本書改訂新版では，大塚浩司を除く著者が若い現役のコンクリート教育・研究者に代わった．内容も章立てをはじめ大幅に改訂した．そして，内容は，新しいコンクリート標準示方書（2007年制定）に従って鉄筋コンクリート部材を設計するための基礎が学べること，すなわち「性能照査型設計法へのアプローチ」であることを特徴としている．また，設計の基礎となる鉄筋とコンクリートの力学的特性およびそれらの相互作用について学べることや鉄筋コンクリートの挙動について学べることなどの特徴は旧版と同じである．

なお，本書は鉄筋コンクリート工学の基礎に重点をおいて述べているので，実構造物を設計する場合には，本書だけではまだ不十分である．読者はさらに他の専門文献を参考にされることを望む．また，筆者らは皆，若輩浅学のため独断に流れ，解釈を誤っている場合も危惧されるが諸賢のご叱正を頂ければ幸いである．

2012年12月

著者しるす

改訂にあたって

　新版を発刊した 2013 年に，土木学会コンクリート標準示方書（2012 年制定）が発行された。

　旧版から新版に改訂する際に内容を大幅に更新していたので，改訂は少し早いのではないかとも思われたが，新しいコンクリート標準示方書への対応は是非しなければならないと考えた。

　また，著者らが本書を授業で使用している際に，多くの箇所でよりわかりやすい表現に修正する必要があることにも気がついた。

　そこで，今回の改訂では，基本的な内容は変更せず，新示方書への対応と必要な箇所の修正とを行った。

2016 年 4 月

著者しるす

書籍のコピー，スキャン，デジタル化等による複製は，
著作権法上での例外を除き禁じられています。

目　　次

第1章　鉄筋コンクリートの概説 ―――――― 1

要　点　1
1.1　鉄筋コンクリートの概念　2
　　1.1.1　鉄筋コンクリートの定義と特徴　2
　　1.1.2　鉄筋コンクリートの成立理由　3
　　1.1.3　鉄筋コンクリートの長所および短所　5
1.2　鉄筋コンクリートの歴史　6
　　1.2.1　諸外国　6
　　1.2.2　日　本　9

第2章　鉄筋とコンクリートの力学的性質 ―――――― 13

要　点　13
2.1　鉄筋の力学的性質　14
　　2.1.1　種類と特性　14
　　2.1.2　応力-ひずみ曲線と強度　15
2.2　コンクリートの力学的性質　16
　　2.2.1　コンクリートの圧縮強度　16
　　2.2.2　コンクリート強度の特性値と設計強度　17
　　2.2.3　コンクリートの応力-ひずみ曲線　21

第3章　鉄筋コンクリートの挙動 ―――――― 23

要　点　23

目　次

 3.1　作用荷重下の鉄筋コンクリートの挙動　24
  3.1.1　曲げを受ける部材の挙動　24
  3.1.2　曲げと軸力を受ける部材の挙動　26
  3.1.3　せん断力を受ける部材の挙動　29
 3.2　鉄筋とコンクリートの相互作用　33
  3.2.1　相互作用の種類　33
  3.2.2　イニシャルストレスと応力の再分配　33
  3.2.3　コンクリートのひび割れ　37
  3.2.4　付　着　41
  3.2.5　鉄筋の定着および重ね継手　43

第4章　鉄筋コンクリートの設計法 ―――― 49

要　点　49
 4.1　許容応力度設計法から限界状態設計法へ　50
  4.1.1　設計法の変遷　50
  4.1.2　許容応力度設計法　52
 4.2　限界状態設計法　53
  4.2.1　一　般　53
  4.2.2　設計の流れ　55
  4.2.3　要求性能と限界状態　56
  4.2.4　安全係数と荷重　58
  4.2.5　性能照査　60

第5章　曲げモーメントを受ける部材の設計 ―――― 67

要　点　67
 5.1　鉄筋コンクリート断面の応力の算定　68
  5.1.1　一　般　68
  5.1.2　単鉄筋長方形断面の場合　71
  5.1.3　単鉄筋T形断面の場合　75
  5.1.4　複鉄筋長方形断面の場合　78

5.2 鉄筋コンクリート断面の曲げ耐力の算定　80
　　5.2.1　一　般　80
　　5.2.2　曲げ破壊モードの判定　84
　　5.2.3　等価応力ブロック　85
　　5.2.4　単鉄筋長方形断面の場合　86
　　5.2.5　単鉄筋T形断面の場合　89
　　5.2.6　複鉄筋長方形断面の場合　92
5.3 曲げひび割れ幅の算定　95
　　5.3.1　概　説　95
　　5.3.2　算定方法　96
5.4 たわみの算定　99
　　5.4.1　概　説　99
　　5.4.2　鉄筋コンクリート部材の曲げ剛性　99
　　5.4.3　弾性荷重法によるたわみの算定　101
　　5.4.4　換算断面二次モーメントを用いたたわみの算定　102

第6章　軸方向力を受ける部材の設計 ── 105

要　点　105

6.1 軸方向力を受ける鉄筋コンクリート柱　106
　　6.1.1　一　般　106
　　6.1.2　らせん効果　107
　　6.1.3　鉄筋コンクリート短柱の設計断面耐力の算定　108
6.2 曲げモーメントと軸方向力を受ける
　　　　鉄筋コンクリート断面の耐力の算定　111
　　6.2.1　一　般　111
　　6.2.2　長方形断面の場合　111
　　6.2.3　相互作用図の算定　113

第7章　せん断力を受ける部材の設計 ── 117

要　点　117

目 次

7.1 棒部材のせん断耐力　118
 7.1.1 せん断補強筋のない棒部材のせん断耐力　118
 7.1.2 せん断補強筋を有する棒部材のせん断耐力　120
7.2 面部材の押抜きせん断耐力　129
7.3 せん断に対して特殊な考慮が必要な箇所や部材　130
 7.3.1 せん断伝達　131
 7.3.2 ディープビームおよびコーベル　132
 7.3.3 ストラット‐タイモデル　134

第8章　ねじりを受ける部材の設計 ——— 137

要　点　137
8.1 一　般　138
8.2 ねじり補強鉄筋のない部材のねじり耐力　139
8.3 ねじり補強鉄筋を有する部材のねじり耐力　140

第9章　疲労に対する部材の設計 ——— 147

要　点　147
9.1 疲労限界状態に対する安全性の検討　147
 9.1.1 一　般　147
 9.1.2 変動荷重の取扱い　148
 9.1.3 安全性の検討方法　149
9.2 コンクリートおよび鉄筋の疲労強度　151
 9.2.1 コンクリートの疲労強度　151
 9.2.2 鉄筋の疲労強度　153
9.3 鉄筋コンクリートはりの曲げ疲労　154
9.4 鉄筋コンクリートはりのせん断疲労　156

第10章　環境作用に対する部材の設計 ——— 161

要　点　161

10.1　環境作用に関する概説　161
10.2　鋼材腐食に対する検討　162
　　10.2.1　鋼材腐食に対するひび割れ幅の照査　162
　　10.2.2　塩害に対する照査　164
　　10.2.3　中性化に伴う鋼材腐食に対する照査　170
10.3　コンクリートの劣化に対する検討　175
　　10.3.1　凍害に対する照査　175
　　10.3.2　化学的侵食に対する照査　178

第 11 章　構造細目 ─────────────── 181

要　点　181
11.1　鉄筋に関する構造細目　182
　　11.1.1　かぶり　182
　　11.1.2　鉄筋のあき　185
　　11.1.3　鉄筋の配置　186
　　11.1.4　鉄筋の曲げ形状　188
　　11.1.5　鉄筋の定着　190
　　11.1.6　鉄筋の継手　195
11.2　曲げモーメントおよび軸方向力を受ける部材の配筋　199
　　11.2.1　は　り　199
　　11.2.2　帯鉄筋柱　199
　　11.2.3　らせん鉄筋柱　200

付　録　201
索　引　209

第1章　鉄筋コンクリートの概説

要　　点

（1）　鉄筋コンクリート（Reinforced concrete, RC）は，引張りに強い鉄筋と圧縮に強いコンクリートを組み合わせ，外力に対して一体となって働くようにしたものをいう．

（2）　鉄筋コンクリートの主な成立理由を列挙すると以下のようである．① コンクリートと鉄筋の付着が良好であるため，互いに協同して外力を負担しうる．② コンクリート中に埋め込まれた鉄筋は，コンクリートの品質および施工が良好ならば，ペーストのアルカリ性に保護され，さびを生ぜず十分な耐久性を示す．③ コンクリートと鉄筋は，通常の範囲の温度変化においては，熱膨張係数は等しいと考えてよい．

（3）　鉄筋コンクリートは，① 任意の形状，寸法の部材や構造物を製造できる．② 材料の入手が容易であり，他の構造材料に比べて一般に経済的である．③ 適切に設計・施工，維持管理された構造物は耐久的である，などの多くの長所を持っている．

　一方，鉄筋コンクリートの短所としては，① コンクリートの引張強度は圧縮強度の10数分の1と小さく，伸び能力も小さいためにひび割れを生じやすい，② 自重が大きい，③ 施工管理や維持管理を適切に行う必要がある，などがある．

1.1 鉄筋コンクリートの概念

1.1.1 鉄筋コンクリートの定義と特徴

コンクリート（Concrete）は，セメント，水，骨材および必要に応じて混和材料を，種々の方法で一体化した複合材料である．コンクリートは圧縮に対しては大きな抵抗力を示すものの，引張，せん断等に対しては弱く，たとえば引張強度は圧縮強度の1/10程度以下ときわめて小さい．また，そのため温度変化や乾燥収縮などの体積変化にともなうひび割れを生じやすいという欠点を有している．

一方，鉄筋（Reinforcing bar, Rebar）は靱性に富む棒鋼で，特に引張りにともなう降伏強度はコンクリートの引張強度の100倍以上と相当に大きい．そこで，コンクリートの弱点を補う意味で，引張りに強い鉄筋と圧縮に強いコンクリートを組み合わせ，外力に対して一体となって働くようにしたものを鉄筋コンクリート（Reinforced concrete, RC）という．

図-1.1のように，正の曲げモーメントを受ける場合を考えると，コンクリート上縁側は圧縮応力，下側は引張応力を受けることになる．引張側に鉄筋を配置すると，コンクリート部分にひび割れを生じても，鉄筋が引張応力を分担し，ひび割れの開口を抑制する．したがって，はりは急激に破壊することなく荷重増に耐えることができ，コンクリートが圧壊するか，鉄筋が降伏強度以上になって著しい変形を生じるかによって支持能力を失うのである．このことから，鉄筋がきわめて大きな補強効果を発揮していることがわかる．

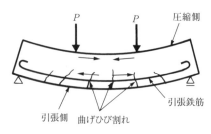

図-1.1　曲げを受けるはり

RC 構造物は，適切なコンクリート材料を選定し，設計や施工などが十分適切に行われるならば，耐久性に優れたものとすることができ，橋梁（口絵**写真-2**～5 参照），ダム（口絵**写真-5，6** 参照），タワー（口絵**写真-1** 参照），高層ビルなど多種多様な土木・建築用構造物に用いられている．なお，広義に RC といえば，形鋼を用いた鉄骨鉄筋コンクリート（SRC）や高張力鋼材その他を用いたプレストレストコンクリート（PC）などもその範囲に含まれるが，一般的には，コンクリート断面に比べ，数％以下と十分に小さい棒鋼を用いた補強コンクリートを指すものと考えてよい．

1.1.2 鉄筋コンクリートの成立理由

コンクリートと鉄筋という異質の材料を組み合わせて造られる鉄筋コンクリート構造が，荷重に対して十分な支持機能を持ち，優れた耐久性を保有した複合材料として成立する理由の主なものを列挙すると次のとおりである（**図-1.2**）．
（1） 鉄筋とコンクリートは協同して外力に抵抗する

荷重作用に対してコンクリートと鉄筋が一体となって抵抗するためには，コンクリート中において鉄筋が引張力を負担しなければならない（**図-1.2**）．そのためには，引張力がコンクリートから鉄筋に伝わるよう，両者の間に良好な付着（鉄

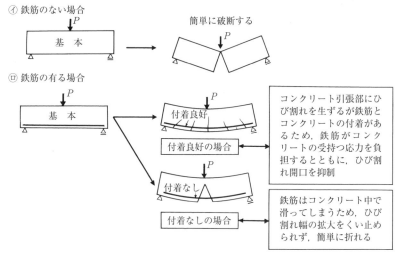

図-1.2　鉄筋とコンクリートの付着

筋とコンクリートの界面に作用するせん断力に対する抵抗）を持つ必要がある．

（2） コンクリート中で鉄筋はさびない

　コンクリート構造物の中の鉄筋は，水素イオン指数（pH）12～13の強アルカリ性のコンクリートに包まれている．大気中ではすぐにさびてしまう鉄も，このような強アルカリ性中にある場合には，表面に薄い酸化被膜が形成され，非常に安定な状態になりさびない（図-1.3）．また，鉄筋のさび（腐食）や腐食に伴うコンクリートへのひび割れ発生は，コンクリート構造物の耐久性に影響する．

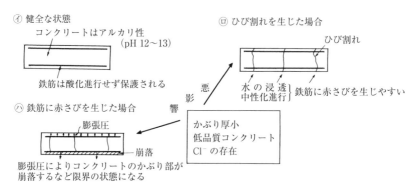

図-1.3　コンクリート中の鉄筋の防錆

（3） 温度による2次応力が生じない

　コンクリートと鉄筋の熱膨張係数が大きく異なった場合，均一に温度が変化したとしても，それぞれの変形量に差が生じ2次的な応力が生じることになる．この応力が大きければコンクリートへのひび割れ発生も懸念される．一般に，コンクリートと鉄筋の熱膨張係数は，前者（α_c）は $7\sim15\times10^{-6}/℃$，後者（α_s）は $11\sim$

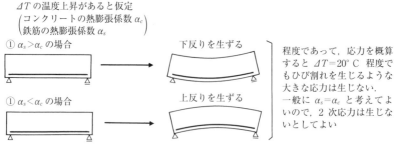

程度であって，応力を概算すると $\varDelta T=20℃$ 程度でもひび割れを生じるような大きな応力は生じない．一般に $\alpha_s=\alpha_c$ と考えてよいので，2次応力は生じないとしてよい

図-1.4　鉄筋とコンクリートの温度差による2次応力

12×10^{-6}/℃であり，通常の温度変化の範囲では，熱膨張係数の相違によって両者の間に2次的な応力は生じないとしてよい（図-1.4）．

1.1.3　鉄筋コンクリートの長所および短所

鉄筋コンクリートは，コンクリートと鉄筋のそれぞれの欠点を補い，それぞれの利点を活かした合理的な構造体であり，次のような長所および短所を有している．

〔長所〕
① 任意の形状，寸法の部材や構造物を一体的に製造できる．
② 材料の入手が容易であって，しかもコンクリートおよび鉄筋それぞれの材料の特性をうまく利用できる点で他の構造材料に比べて一般に経済的である．
③ 耐火性のある構造を容易に造ることができる．
④ 騒音，振動が少ない．
⑤ 良質な材料を使用し，適切に設計・施工，維持管理された構造物は耐久的である．

〔短所〕
① コンクリートは引張強度が圧縮強度の10数分の1と小さく，伸び能力も小さいために，外荷重による引張応力ばかりか乾燥収縮応力および温度応力の単独の作用，あるいはこれらの共働により部材表面にひび割れを生じやすい．
② 自重が一般に大きくなるため，スパンの大きな桁や，高い柱，さらには軟弱地盤上の構造物の構築には不利である．
③ 施工管理が十分に行えない場合には，初期欠陥を含む不完全な構造物を造るおそれがあり，その欠陥の検査や不都合な部分の造り換えが困難な場合がある．
④ 材料選定，設計・施工，あるいは維持管理が不適切な場合，構造物の劣化が早まり修繕コストが膨らむ．

1.2 鉄筋コンクリートの歴史

1.2.1 諸外国

(1) 古代～近世

　古代エジプトでは石膏を接着材として利用し，ギリシャ・ローマ時代から18世紀の近世にかけては，消石灰と火山灰などのいわゆるポゾラン物質との混合により水硬性を持たせたものが，セメントの代用品として使用された．しかし，実質強度は小さく，構造の主体材料として用いるには十分でなかったと考えられる．一方，ローマ時代にすでに一種の膨張コンクリートが供用されていたともいわれ[1]，当時相当に高い技術力を有していたことがうかがえる．材料の複合化による構造強化の着想は，たとえば泥あるいは土とすさ（わらなどの繊維質材料）による日干れんが，壁などの補強にもみられるが，石材などを部分的に金属によって接合し，橋梁，教会などを建設する技術は古くからあったといわれる[1),2)]．また，金属との併用効果をはかった例として，石灰など，水硬性材料中に真鍮棒を埋め込んだ床版も残存しているという[3)]．

(2) 近世～現代[4)]

　1824年アスプディン（Aspdin）の水硬性セメントの特許取得により，セメントの工業化への道が開かれたが，構造の主体材料として利用するうえで克服しなければならなかった問題は，これを用い製造したコンクリートの引張強度が圧縮強度に比べ10%程度以下と小さく，単独では曲げ部材には利用できない点にあった．

　コンクリートと鋼材を一体化した構造，すなわち鉄筋コンクリートに関する最初の着想として，1855年の第1回パリ博覧会に提出されたランボー（Lambot）の鉄筋網補強コンクリート製ボートをあげることができる（**写真-1.1**）．その後，コワネー（Coignet）らの鉄筋網や鋼板による補強法の改良や特許などを踏まえ，1867年，パリの庭師モニエ（Monier）が鉄筋を格子状に配置する「モニエ式鉄筋コンクリート」の特許を取り，植木鉢からRC管，円筒水槽，平板さらにアーチや階段，橋梁などの特許に発展させた（**図-1.5**）．なお，当時のモニエは，鉄

1.2 鉄筋コンクリートの歴史

写真-1.1 ランボーの鉄筋コンクリート製ボート[4]（左：初期の製品，右：1902年頃の製品）

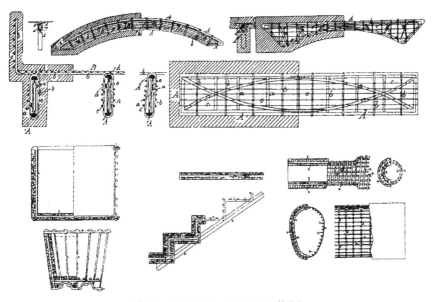

図-1.5 モニエのオーストラリアの特許[4]

筋コンクリート部材における断面の力学的検討には関心がなく，配筋は基本的に部材断面の中央付近すべきことを推奨していたといわれている．この時代のアメリカでは，弁護士のハイアット（Hyatt）が異形鉄筋を使用した鉄筋コンクリートはりの実験を行い，1878年に鉄筋コンクリート構造の特許を取得している．また，ハイアットは，この実験により鉄とコンクリートは熱膨張係数が同等であること，鉄筋コンクリート構造が耐火性に優れていることを確認している．

ドイツの鉄道技士ヴァイス（Wayss）は，モニエの発表した技術に強い関心を抱き，その特許権を買収し，ドイツの土木技師ケーネン（Koenen）とミュンヘ

ン大学のバウシンガー（Baushinger）に委嘱して実大のはり部材の実験を実施した．そして，ケーネンは鉄筋コンクリート構造の力学原理に基づき，鉄筋は引張力に対し配置し，コンクリートは圧縮力に対して作用すると考え，今日の弾性的理論の基礎を築いた．さらに，ケーネンは鉄筋とコンクリートの一体化には適当な付着力が必要であることを指摘している．また，バウシンガーはコンクリート版を5年間（1887～1892年）水中および大気中で暴露し，埋設鉄筋にさびを生じないことを確認している．このように，鉄筋コンクリート構造はモニエの経験工学的な段階からケーネンらによる学術的な理論工学へと進展していった．

同じ時期，オーストラリアではプラーグ大学教授メラン（Melan）がメラン式RC橋梁（アーチ橋）を発明し，トラス状に結合した鋼材をコンクリートとの合成構造に使用した（**図-1.6**）．鋼製トラス橋梁自体の歴史は古いが，それをコンクリートと組み合わせることで仮設時の骨組みの安全性と作業の容易性が高まり，メラン式橋梁は世界各国へ普及していった．1892年フランスのアンヌビク（Hennebique）はモニエ式配筋にスターラップや折曲げ筋，すなわち腹鉄筋を用い，せん断に対する補強方法を考案した．さらに，それまで鉄筋コンクリート技術が部位ごとの単体構造としてしか扱われてこなかったことに着目し，複数の部材を組み合わせた建築システムを確立して特許を得た（**図-1.7**）．一方，1902年にはドイツのシュツットガルト工科大学教授のモルシュ（Morsch）が初めて工

図-1.6　メラン式RC橋梁[4]

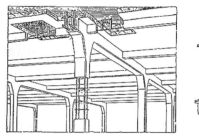
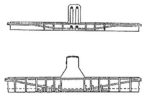

図-1.7　アンヌビクの特許[4]

学専門書「鉄筋コンクリート構造」を刊行し，以後の鉄筋コンクリート構造の普及に大きく貢献した．そして，20世紀初頭に鉄筋コンクリート構造は隆盛期を迎える．

なお，設計法に関する世界の趨勢は，CEB-FIP*1 モデルコード（MC90）などにみられるように，弾性設計法から限界状態設計法に移行してきている．これは，使用，終局，疲労などの限界状態を定義し，構造物がこのような状態に達する確率を許容限度以下にしようとするものである．さらに，fib*2 では上述の確率論的な手法を耐久設計にも導入したモデルコードが 2006 年に出版され，現在，最新コードとなる MC2010 の final draft が発刊されている．

1.2.2 日 本

わが国では，明治期に入り大規模な築港工事が進められ，コンクリートが用いられるようになった．1890（明治 23）年の横浜港の岸壁工事において，日本で初めて鉄筋コンクリートが使用された．「鉄筋コンクリート」という用語は東京帝国大学教授広井勇博士が創ったといわれている．広井博士は 1903（明治 36）年 6 月，「工学会誌」第 253 巻に「鉄筋混凝土橋梁」[5] という論文を寄せ，これが

写真-1.2 我が国最初の RC 橋

---

*1 CEB：ヨーロッパ国際コンクリート委員会（Comite Euro-International du Beton），FIP：国際プレストレスコンクリート協会（Federation International la Preconttainte）

*2 fib：国際コンクリート工学連盟（Federation Internationale du Beton），CEB と FIP が母体となっている．

鉄筋コンクリートに関する本格的な技術内容をもった日本で最初の印刷物であった．同年，田辺朔郎博士によってメラン式アーチ桁橋が琵琶湖疏水路上に架けられた（**写真-1.2**）．この橋の鉄筋は専用の材料がなかったことから，疏水工事で使用したトロッコのレールが代用された．さらにこの年には，初のRC床版式桁橋（神戸・若狭橋）も建設されている．日本の鉄道で最初に鉄筋コンクリート橋梁として造られたのは，1904（明治37）年，山陰線米子・安来間に架けられた島田川橋梁（アーチ橋）である[6]．また，1906（明治39）年には，田邊朔朗（校閲）と井上秀二（著）によって我が国で最初の鉄筋コンクリートの書籍となる「鐵筋コンクリート」が出版されている．日本初の本格的な鉄筋コンクリート製の道路橋（広瀬橋）は，1909（明治42）年に仙台市に建設された．一方，1910（明治43）年に神戸港では，鉄筋コンクリート（RC）ケーソン防波堤が初めて建設された[7]．これは，森垣亀一郎がオランダ・アムステルダム港での例を視察しそれを参考に採用しており，それまでコンクリートブロック製であった防波堤にRCを導入したものである．

わが国の土木学会では，1931（昭和6）年に鉄筋コンクリート標準示方書が初めて制定された．これは，ドイツ（1915～1929年），アメリカ（1924年）両国の示方書の内容を勘案して作られたといわれている[2]．無筋コンクリート標準示方書は1943（昭和18）年に初めて発表された．第2次世界大戦後は，1949（昭和24）年に大幅な改訂が実施され以後数回の修正と改訂を経て，1986（昭和61）年には設計法を従来の弾性設計法から限界状態設計法へ移行するため，全面的な改訂が行われている．さらに，1995（平成7）年からは，構造物の限界状態に基づいた性能照査設計への移行に向けて段階的な改訂作業が進められた．また，1999（平成11）年には，構造物の設計に耐久設計の考え方を取り入れた示方書が制定された．これによって，断面破壊などの構造性能に関する照査に加えて，耐久性についても鋼材腐食などの限界状態を明確にし，その適合性を照査することとなった．そして，構造性能と耐久性能を同一の設計体系として取り扱うためのフレームが構築されるに至った．

現在の道路橋示方書のもととなる鉄筋コンクリート道路橋示方書が1964（昭和39）年に建設省（現 国土交通省）より制定されている．さらに，道路橋示方書についても平成12年版より仕様規定型から性能規定型へ移行された．

1.2 鉄筋コンクリートの歴史

表-1.1 鉄筋コンクリートの歴史年表

1824 年	J. Aspdin（イギリス）：ポルトランドセメントの特許・発明
1855 年	J. L. Lmbot（フランス）：第1回パリ万国博覧会に鉄筋網補強コンクリート製ボートを出品
1867 年	J. Monier（フランス）：モニエ式床版配筋法の特許取得（鋼材とコンクリートの複合，RCのアイデアの初め）
1878 年	T. Hyatt（アメリカ）：鉄筋コンクリート構造の特許取得，さらに，鉄とコンクリートの熱膨張係数が同等であること，鉄筋コンクリート構造が耐火性に優れていることを確認
1886 年	Jackson（アメリカ），Dohring（ドイツ）：緊張材を用いたはり，スラブ等に関する特許取得
1887 年	E. M. Koenen（ドイツ）：鉄筋コンクリート設計理論を発表
1890 年	横浜岸壁鉄筋コンクリートケーソン工事
1892 年	Baushinger（ドイツ）：5年間水中および大気中に暴露したRC版中の鉄筋にさびを生じていないことを確認 Melan（オーストリア）：メラン式橋梁の発明 F. Hennehique（フランス）：腹鉄筋によるせん断補強方法の発明，複数の部材を組み合わせた建築システムの特許取得
1893 年	Ransom（アメリカ）：角鉄棒を用いたRC　T形梁の特許を得る
1902 年	Morsch（ドイツ）：初めて工学専門書「鉄筋コンクリート構造」を刊行
1903 年	広井勇：「工学会誌」第253巻に「鉄筋混凝土橋梁」の論文発表 田辺朔郎：琵琶湖疏水の山科運河にメラン式アーチ橋が架けられる 日本で最初のRC床版式桁橋（神戸・若狭橋）が建設
1904 年	日本の鉄道で最初に鉄筋コンクリート橋梁が完成
1905 年	Considere（フランス）：らせん鉄筋柱の特許を得る
1906 年	田邊朔朗（校閲）と井上秀二（著）によって「鐵筋コンクリート」が出版
1909 年	仙台市に日本初の本格的な鉄筋コンクリートの道路橋（広瀬橋）が建設
1910 年	神戸港にてRCケーソン防波堤が初めて建設
1928 年	Freyssinet（フランス）：プレストレスの導入に成功，PC工法（フレシネーエ法）の実用化
1931 年	土木学会：鉄筋コンクリート標準示方書の制定
1955 年	土木学会：「プレストレストコンクリート設計施工指針」制定
1964 年	建設省（現 国土交通省）：道路橋示方書（道路協会）の前身となる鉄筋コンクリート道路橋示方書が制定
1978 年	CEB-FIP：モデルコードMC78の制定 土木学会：RC設計法として限界状態設計法を導入
1991 年	CEB-FIP：モデルコードMC90の制定
1995 年	ACI：Building Code Requirements for Structural Concreteの制定
1999 年	土木学会：性能照査型設計を取り入れた耐久設計法の導入
2000 年	道路協会：道路橋示方書を仕様規定から性能規定に移行
2006 年	fib：Model Code for Service Life Design（Bulletin No.34）の出版

以上，**1.2.1** および **1.2.2** をまとめて**表-1.1** に年表として示した．

文　　　献

1) 横山昌寛：材料・構法セミナー，古代建設技術史ノート，第5章コンクリート・モルタル・ブラ

第1章　鉄筋コンクリートの概説

　　　スター，第2章土と石，建築文化，1982.10，1982.8.
2)　後藤幸正・尾坂芳夫・三浦尚：コンクリート工学（Ⅱ）設計，彰国社．
3)　近藤時夫・岡村幸：コンクリートの歴史，p.6, 15, 22, 266, 314, 山海堂．
4)　藤本盛久編：構造物の技術史，市ヶ谷出版，2001.
5)　広井勇：鉄筋混凝土橋梁，工学会誌，1903.（土木学会HP，デジタルアーカイブスより）
6)　石川勝美：1番古いコンクリート鉄道橋，コンクリート工学，Vol.40, No.9, p.113, 2002.
7)　長瀧重義監修：コンクリートの長期耐久性　小樽港百年耐久性試験に学ぶ，技報堂出版，1995.

第 2 章　鉄筋とコンクリートの力学的性質

要　点

（1）　鉄筋は，普通丸鋼（SR）と異形鉄筋（SD）の 2 種類がある．一般に異形鉄筋が多く用いられている．異形鉄筋は，呼び名（D4，D5，D6，D8，D10，D13，D16，D19，D22，D25，D29，D32，D35，D38，D41，D51）で示される 16 種類の直径のものが規定されている．

（2）　設計に用いる鉄筋の強度は，一般に降伏強度（f_y）である．降伏強度とは，応力 – ひずみ曲線において，荷重の増加がなく延伸をはじめる以前の最大荷重（N）を原断面積（mm^2）で除した値（N/mm^2）であり，引張強さは，最大引張荷重を原断面積で除した値（N/mm^2）である．

（3）　鉄筋のヤング係数は 200 kN/mm^2，コンクリートのヤング係数は圧縮強度に応じて定められた値を用いる．普通コンクリートのヤング係数は 20 〜 30 kN/mm^2 程度である．

（4）　コンクリートの強度といえば，圧縮強度（f'_c）を意味しており，圧縮強度から引張強度（f_t），曲げひび割れ強度（f_{bc}），付着強度（f_{bo}）および支圧強度（f'_a）を算定することができる．

（5）　設計に用いるコンクリートの強度（f'_c）には，設計において基準となる設計基準強度（f'_{ck}），設計基準強度を材料係数（γ_c）で除した値の設計圧縮強度（f'_{cd}）がある．

2.1 鉄筋の力学的性質

2.1.1 種類と特性

鉄筋コンクリートに用いられる鉄筋（棒鋼）の機械的性質は，JIS G 3112 に規定されており，降伏強度または耐力が 235 〜 625 N/mm² 以内，引張強さは 380 〜 620 N/mm² 以上のものである．種類は**付表-1** に示すように，熱間圧延棒鋼 -SR 235 および 295，熱間圧延異形棒鋼-SD 295A，295B，345，390 および 490 の計 7 種類である．SR は普通丸鋼（Steel Round の頭文字），SD は異形鉄筋（Steel Deformed の頭文字）の記号を示し，数字は降伏点の規格が N/mm² 単位でその数値以上であることを示している．

これら 7 種類の鉄筋のうち，最近では SD 295A および SD 345 が用いられることが多い．この異形鉄筋について JIS に規定された寸法およびふしの許容限度を**付表-2** に示す．**写真-2.1** に異形鉄筋の表面形状の一例を示した．表面突起のうち，軸方向の突起をリブ，軸方向以外の突起をふしと呼んでおり，ふしは全長にわたりほぼ一定間隔に同一形状・寸法をもって分布している．ふしの間隔，高さなどはコンクリートとの付着強度に影響があるので，適切な形状となるよう最終の圧延過程で人工的につけられたものである．

異形鉄筋では，**付表-2** に呼び名で示されているとおり，計 16 種類の直径のものが規定されており，数値はミリ単位，異形を示す D を付けて呼び名（D4，

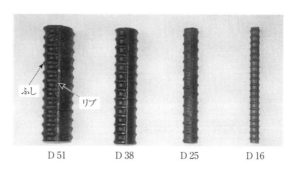

写真-2.1　異形鉄筋の形状

D5, D6, D8, D10, D13, D16, D19, D22, D25, D29, D32, D35, D38, D41, D51) としている．また，市販の異形鉄筋の標準長さは，3.5 から 6.5 m まで 0.5 m 増，それ以上 7 m から 12 m までは 1 m おきとなっている．

直径は**写真-2.1** のように表面の凹凸のために直接測定できないので，規定した単位長さ当りの重量から計算した公称値を代用としている．異形鉄筋の表面の形状には様々なものがあり，本書の口絵にその一例としてスペインのサグラダ・ファミリア (Sagrada Familia) の工事で使用されていた異形鉄筋を紹介している．

近年では，鉄筋腐食の対応として，エポキシ樹脂塗装鉄筋の品質規格（JSCE-E 102-2003）や鉄筋コンクリート用ステンレス異形棒鋼（JIS G 4322）などの規格があり，実用化されている．

2.1.2 応力-ひずみ曲線と強度

図-2.1 の (a) には，鉄筋など熱間圧延した鋼材の応力-ひずみ曲線を示し，(b) には冷間加工鋼のそれを示した．いずれも，鋼材の断面が一定とした条件における見かけ上の応力-ひずみ曲線である．

鉄筋の応力-ひずみ曲線からは，弾性から塑性に移行する降伏現象が明瞭に認められ，通常 20％前後のきわめて大きな変形を示した後破断する．破断までの間に断面減少があるために，ひずみ硬化現象がみられ，実際の応力はかなり大きくなっている．鉄筋の降伏強度 f_y は，コンクリートの圧縮強度より 10 倍程度大きく，降伏開始時のひずみ ε_y はコンクリートが最大応力に達したときのひずみ

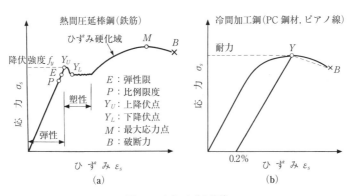

図-2.1 応力-ひずみ曲線

第 2 章　鉄筋とコンクリートの力学的性質

ε'_0 に近い値をとる．この応力-ひずみ曲線では，前述のひずみ硬化現象により降伏後最大応力点が若干増加するが，簡単のため示方書では図-2.2 のように，降伏強度の設計用値 $f_{yd}=f_{yk}/\gamma_s$ までは弾性体，それ以後 ($\varepsilon_s>\varepsilon_y$) では塑性体として扱うことにしている．この際 ε_y は f_{yd} をヤング係数 $E_s=200\text{ kN/mm}^2$ で割ったものとし，降伏強度の特性値 f_{yk} は JIS 規格の最低値をとるものとする．鋼材の材料係数 γ_s は，鉄筋および PC 鋼材の場合，疲労破壊に対する限界状態の照査 ($\gamma_s=1.05$) を除き，一般に 1.0 としてよい．なお，鉄筋のポアソン比は 0.3，圧縮降伏強度の特性値 f'_{yk} は引張降伏強度の特性値 f_{yk} に等しく，せん断降伏強度の特性値 $f_{vyk}=f_{yk}/\sqrt{3}$ としてよい．

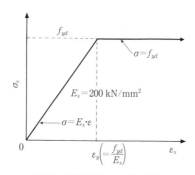

図-2.2　設計用応力-ひずみ曲線

2.2　コンクリートの力学的性質

2.2.1　コンクリートの圧縮強度

一般にコンクリートの強度といえば圧縮強度を示す．これは，主にコンクリートを圧縮部材として用いているからである．構造物の設計に必要なコンクリート強度は，圧縮強度のほか，引張強度，曲げ強度およびせん断強度などである．一般に，これら強度には互いに関連がみられ，特に圧縮強度を知ることにより，その他の強度特性の推測も可能である．

圧縮強度は，コンクリートの配合・施工方法・養生・材齢によって変化するとともに，試験条件，すなわち供試体のキャッピングの良否や載荷速度などの載荷

方法，形状・寸法比や試験時における乾湿の状態などに影響される．したがって，供試体の作製や載荷試験に対して一定の方法を定め，その方法で評価した値をもって基準強度とすることに決めている．圧縮強度は f'_c で表され，f は force，′（ダッシュ）は圧縮，c は concrete を意味しており，これを試験により求める場合は，わが国では直径の2倍の高さを持つ円柱供試体（直径の標準は100 mm，125 mm および 150 mm）を用いることとしている．この円柱強度は，ヨーロッパで多く使用されている立方供試体（1辺の標準が 100 mm，150 mm および 200 mm）の立方強度の8割程度に相当する．円柱供試体による圧縮強度はシリンダー強度とも呼ばれることがある．一般に，適切な養生が実施されるならコンクリート構造物中のコンクリートの圧縮強度は材齢とともに増加し，最終的には20℃標準水中養生下の材齢28日の値以上となることが期待できる．そのために，標準水中養生下の材齢28日における圧縮強度を構造物の設計において基準となる設計基準強度 f'_{ck} として用いることにしている．なお，LNG地下タンク，基礎マット等のマスコンクリート構造物では，コンクリート打込み後，設計荷重が作用するのに長時間を要することや，水和熱発生の小さいセメントや混和材料を使用することから，材齢28日の強度をコンクリート強度の設計基準強度として使用することは，適当ではない．したがって，その様な構造物においては，材齢91日の圧縮強度の特性値を設計基準強度としている．

2.2.2 コンクリート強度の特性値と設計強度

コンクリート強度の特性値は，試験値がそれを下回る確率がある一定値以下になることが保証される値として定義され，圧縮強度の特性値を一般に設計基準強度として用いている．図-2.3に示すように，コンクリートの圧縮強度のばらつき

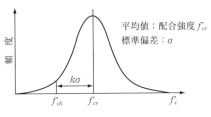

図-2.3　材料の特性値

を正規分布（平均値は配合強度f'_{cr}）と仮定すると，材料強度の特性値（設計基準強度）f'_{ck}と配合強度f'_{cr}の関係は，次式で示される．

$$f'_{ck} = f'_{cr} - k\sigma = (1-k\delta) \cdot f'_{cr} \tag{2.1}$$

δは変動係数であり，標準偏差σを平均値f'_{cr}で割った値である．いま，f'_{ck}を下回る確率を5%にしたい場合，係数kは1.64であるので，f'_{ck}をf'_{cr}で表すと

$$f'_{ck} = (1-1.64\delta) \cdot f'_{cr} \tag{2.2}$$

となる．コンクリートの設計基準強度f'_{ck}と圧縮強度の設計用値，すなわち設計圧縮強度f'_{cd}の関係は，コンクリートの材料係数をγ_cとして

$$f'_{cd} = \frac{f'_{ck}}{\gamma_c} \tag{2.3}$$

となる．γ_cは一般に，コンクリートの運搬，打込み条件による変動，締固め不十分による局部的欠陥，型枠の不良による局部的欠陥や養生の相違による影響など，実構造物と供試体の相違や長期載荷状態の影響，さらにはf'_{ck}を下回る試験値の生じる可能性などを考慮した係数として定義され，一般に，断面破壊の限界状態等の照査においては1.3（$f'_{ck} \leq 80\,\mathrm{N/mm^2}$）とする．また，通常の使用時の限界状態の照査においては1.0としてよい．

【材料強度の特性値の解説】

設計基準強度$f'_{ck}=24\,\mathrm{N/mm^2}$のコンクリート構造物を造ろうとした場合，レディーミクストコンクリート工場における変動係数δが0.1（10%），設計基準強度を下回る確率を5%（$k=1.64$）とすると，配合強度f'_{cr}や設計圧縮強度f'_{cd}がどの様になるのかを分かりやすく示したものが図-2.4となる．

設計基準強度f'_{ck}（24 N/mm²）を得るためには配合強度f'_{cr}は式(2.2)より，

$$f'_{cr} = \frac{1}{(1-k\delta)}\,f'_{ck} = \frac{1}{(1-1.64 \times 0.1)} \times 24 = 28.7 \approx 29\,\mathrm{N/mm^2}$$

と，配合強度は29 N/mm²で造らないと，設計基準強度を確保することができないことが分かる．しかし，実際の設計では，

$$f'_{cd} = \frac{f'_{ck}}{\gamma_c} = \frac{24}{1.3} = 18.5 \approx 18\,\mathrm{N/mm^2}$$

と，設計基準強度を更に安全係数$\gamma_c=1.3$で割った強度（18 N/mm²）しかな

いという条件で設計が行われるため,安全側の設計思考であることが分かる.

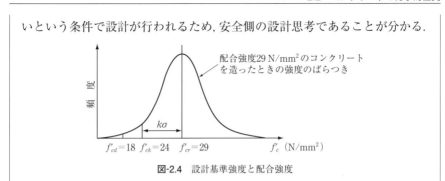

図-2.4 設計基準強度と配合強度

示方書[1]では,圧縮試験はJIS A 1108「コンクリートの圧縮試験方法」,引張強度はJIS A 1113「コンクリートの割裂引張強度試験方法」など,各種設計強度は適切な試験方法により求めた試験強度に基づいて定めることとしている.試験強度が得られない場合には,各強度の特性値は一般の普通コンクリートに対して設計基準強度 f'_{ck} に基づいて以下の式より算定してよいことになっている.

なお,式(2.4)〜式(2.6)において,骨材の全部が軽量骨材である軽量骨材コンクリートに対しては,これらの値の70%としてよい.

引張強度:$f_{tk} = 0.23 f'_{ck}{}^{2/3}$ (2.4)

付着強度:$f_{bok} = 0.28 f'_{ck}{}^{2/3}$ (ただし,$f_{bok} \leq 4.2\,\mathrm{N/mm^2}$) (2.5)

  上記の式は,JIS G 3112を満足する異形鉄筋に対してであり,普通丸鋼の場合は,異形鉄筋の40%とし,半円形フックを用いること.

支圧強度:$f'_{ak} = \eta \cdot f'_{ck}$ (ただし,$\eta = \sqrt{A/A_a} \leq 2$,$20\,\mathrm{N/mm^2} \leq f'_{ck} \leq 40\,\mathrm{N/mm^2}$) (2.6)

A:コンクリート面の支圧分布面積,A_a:支圧を受ける面積(**図-2.5** 参照)

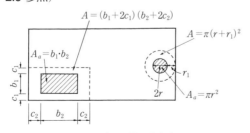

図-2.5 支圧面積のとり方

曲げひび割れ強度：$f_{bck} = k_{0b} \cdot k_{1b} \cdot f_{tk}$ (2.7)

ここに，$k_{0b} = 1 + \dfrac{1}{0.85 + 4.5(h/l_{ch})}$

$k_{1b} = \dfrac{0.55}{\sqrt[4]{h}}$ （≧0.4）

k_{0b}：コンクリートの引張軟化特性に起因する引張強度と曲げ強度の関係を表す係数

k_{1b}：乾燥，水和熱など，その他の原因によるひび割れ強度の低下を表す係数

h：部材の高さ（m）（＞0.2）

l_{ch}：特性長さ（m）（＝$G_F \cdot E_c / f_{tk}^2$）

ここに，G_F：破壊エネルギー（N/m）（＝$10 \cdot (d_{max})^{1/3} \cdot f'^{1/3}_{ck}$）

E_c：ヤング係数（N/mm²），**表-2.2** を使用

f_{tk}：引張強度の特性値，式（2.4）使用

d_{max}：粗骨材の最大寸法（mm）

f'_{ck}：圧縮強度の特性値（設計基準強度，N/mm²）

なお，f'_{ck} が異なる場合の各種設計強度を式（2.4），（2.5），（2.7）を用いて求めた結果を**表-2.1** に示す．

表-2.1　各種設計強度（単位：N/mm²）：終局限界状態

設計基準強度 f'_{ck}	18	24	30	40	60	80
設計圧縮強度 f'_{cd}	13.8	18.5	23.1	30.8	46.2	61.5
設計曲げひび割れ強度 f_{bcd}＊ （使用限界状態）	2.0 (2.6)	2.4 (3.1)	2.8 (3.6)	3.3 (4.3)	4.4 (5.7)	5.3 (6.9)
設計引張強度 f_{td} （使用限界状態）	1.2 (1.6)	1.5 (1.9)	1.7 (2.2)	2.1 (2.7)	2.7 (3.5)	3.3 (4.3)
設計付着強度 f_{bod}	1.5	1.8	2.1	2.5	3.3	4.0

＊　部材高さ 0.3 m，骨材最大寸法 20 mm で計算．

2.2.3 コンクリートの応力-ひずみ曲線

コンクリートの応力-ひずみ曲線は，載荷方法，コンクリート強度，骨材の種類などにより相当に異なる．**図-2.6** にこの曲線を模式図に表したが，応力が小さいうちは，応力とひずみはほぼ比例関係にあり，応力が大きくなるにつれ，勾配はゆるやかとなり，ひずみがおよそ $0.2\% = 2\,000 \times 10^{-6}$ 近傍の最大応力点 f'_{co} に達すると曲線は急速に下方へ向かい，供試体は急激に破壊する．図中の下降域の破線は，ひずみ制御方式で得られる曲線であり，ひずみの増加とともに応力が急減してゆく様子がみられる．しかし一般に構造物の応力レベルは，f'_{co} よりかなり小さいところにあり，その場合コンクリートのヤング係数 E_c はほぼ一定の値を仮定してよい．

また，コンクリート応力 σ'_c とひずみ ε'_c の間には

$$\sigma'_c = E_c \cdot \varepsilon'_c \tag{2.8}$$

いわゆるフックの法則が成立すると考えてよい．

図-2.7 はヤング係数 E_c の求め方を示している．JIS A 1149「コンクリートの静弾性係数試験法」では原則として $\beta=3$，すなわち圧縮強度の 1/3 点とひずみが 50×10^{-6} の点とを結ぶ割線弾性係数の試験値の平均を用いることとしている．このようにして求めたヤング係数 E_c は，圧縮強度 f'_c，コンクリートの単位容積質量と密接な関係を有する．使用性の照査や疲労破壊に対する安全性の照査における弾性変形または不静定力の計算に用いるヤング係数は式 (2.9) から求められる値を用いてよい．**表-2.2** に式 (2.9) から近似されるヤング係数の値を示す．

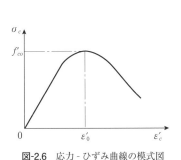

図-2.6　応力-ひずみ曲線の模式図

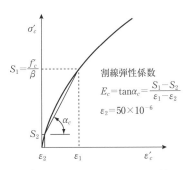

図-2.7　コンクリートのヤング係数

$$
\left.\begin{array}{ll}
E_c = \left(2.2 + \dfrac{f_c' - 18}{20}\right) \times 10^4 & f_c' < 30\mathrm{N/mm^2} \\[6pt]
E_c = \left(2.8 + \dfrac{f_c' - 30}{33}\right) \times 10^4 & 30 \leq f_c' < 40\mathrm{N/mm^2} \\[6pt]
E_c = \left(3.1 + \dfrac{f_c' - 40}{50}\right) \times 10^4 & 40 \leq f_c' < 70\mathrm{N/mm^2} \\[6pt]
E_c = \left(3.7 + \dfrac{f_c' - 70}{100}\right) \times 10^4 & 70 \leq f_c' < 80\mathrm{N/mm^2}
\end{array}\right\} \quad (2.9)
$$

図-2.8は,曲げモーメントおよび曲げモーメントと軸方向力を受ける部材の,断面破壊の終局限界状態に対する検討において用いられるモデル化された応力-ひずみ曲線を示したものである.上式で応力の上限を $k_1 f_{cd}'$ とした根拠は,主として現場コンクリート構造物とシリンダー強度との相違を考慮したものである.なお,コンクリートのポアソン比は弾性範囲内で一般に0.2としてよい.

表-2.2 コンクリートのヤング係数

f_{ck} (N/mm²)		18	24	30	40	50	60	70	80
E_c (kN/mm²)	普通コンクリート	22	25	28	31	33	35	37	38
	軽量骨材コンクリート*	13	15	16	19	—	—	—	—

* 骨材の全部を軽量骨材とした場合.

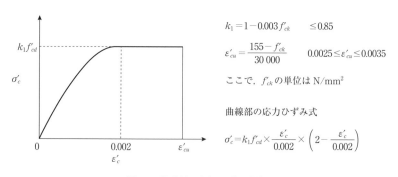

図-2.8 設計用の応力-ひずみ曲線

文　　献

1) 土木学会:2012年制定 コンクリート標準示方書[設計偏], 2013.

第3章　鉄筋コンクリートの挙動

要　　点

（1）　鉄筋コンクリート構造物の荷重作用とは，活荷重および衝撃，自重，温度変化，風，雪，土圧，水圧など構造物あるいは部材に変形や応力の増減をもたらすものを総称している．荷重作用は，一般に，これらのいくつかが組み合わされて作用する．

（2）　荷重作用によって構造物あるいは部材は，「曲げ」，「軸方向圧縮」，「せん断」，「ねじり」など種々の変形や応力変化を生じる．これらを「鉄筋コンクリートの挙動」と呼ぶ．荷重作用が同じでも，これらの挙動は，構造物の種類はもちろん，構造物を構成する部材によって，あるいは同じ部材でもその断面位置によって異なる．さらにこれらの挙動は，一般に，組み合わされて生じる．

（3）　鉄筋コンクリートは，鉄筋とコンクリートという力学的に非常に異なる性質を持つ材料を組み合わせて，荷重に対して一体となって働くようにした「複合材料」である．したがって，鉄筋コンクリートには，両者の「相互作用」によって，複雑で特異な性状が現れる．それらの主なものは，「イニシャルストレス」，「応力の再分配」，「ひび割れ」および「付着・定着」である．これらの性状は，鉄筋コンクリートの挙動と密接な関係を持っている．

（4）　鉄筋コンクリートの設計法は，構造物あるいは部材の挙動を前提としており，それらの挙動が供用期間中，安全かつ経済的に成立するように組み立てられている．したがって，鉄筋コンクリートの設計法を理解するためには，これらの挙動を知ることがきわめて重要である．

3.1 作用荷重下の鉄筋コンクリートの挙動

3.1.1 曲げを受ける部材の挙動

単純支持された鉄筋コンクリートはりに荷重を徐々に載荷していくと，はりは，以下のような挙動を示す．

荷重が小さい初期の段階（段階Ⅰ）では，部材断面の応力は図-3.1(a)に示すように直線的な分布を示し，断面の上縁で最大圧縮応力，下縁で最大引張応力となる．この段階では鉄筋とまわりのコンクリートは一体となって変形するので両者のひずみは等しい．この段階の荷重-たわみ曲線は図-3.2の段階Ⅰに示すようにほぼ直線的である．

荷重が増加していくと，まず，曲げモーメントの最大となるスパン中央付近の下縁引張側コンクリートに最初の曲げひび割れが発生する．このひび割れは，荷重の増加につれてしだいに上縁に向かって伸び，幅も広がる．また，同様のひび割れが次々と発生し，数を増していく．やがて，ひび割れの数は増加せず，その幅のみが増加する状態（ひび割れ定常状態）に達する．この最初のひび割れ発生から定常状態に達するまでの段階（段階Ⅱa）の部材断面の応力は，図-3.1(b)に示すように，コンクリートはほとんど引張力を受け持たず，鉄筋が受ける状態となる．そのため断面の曲げ剛性が減少し，この段階の荷重-たわみ曲線は図-3.2の段階Ⅱaに示すように段階Ⅰよりも傾きがしだいに小さくなる方向に変化している．

荷重をさらに増加させてもひび割れ定常状態の間では，ひび割れは伸び，断面

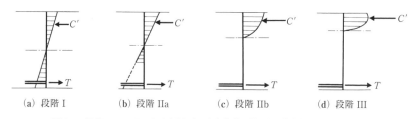

図-3.1 鉄筋コンクリートはり断面の応力状態（曲げ引張破壊を生じる場合）

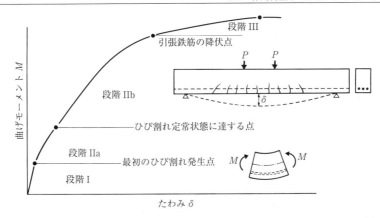

図-3.2 鉄筋コンクリートはりの曲げモーメント-たわみ曲線（曲げ引張破壊をする場合）

の中立軸は上方へ移動を続けるが，はりの性状は安定している．この段階（Ⅱb）は，一般の供用状態である．部材断面の圧縮応力分布状態は，**図-3.1(c)** に示すように三角形からかなり変化している．これは，圧縮側コンクリートの応力-ひずみ曲線（**図-2.6 参照**）の曲がった範囲に入ったためである．しかし，この段階のはりの荷重-たわみ曲線はあまり直線から外れていない．この段階は鉄筋の降伏まで続く．

鉄筋降伏から先の終局段階（段階Ⅲ）では，荷重の増加はきわめてわずかである．それは，鉄筋が降伏したために外力モーメントの増加を鉄筋応力の増加による内力の抵抗モーメントの増加でバランスをとることができなくなるためである．わずかな荷重の増加を生じるのは，引張鉄筋位置とコンクリートの圧縮力の中心までのアーム長のわずかな増加があるためである．この段階の部材断面の応力状態は**図-3.1(d)** に示すように，コンクリートの最大圧縮応力の生じる位置は，一般に，上縁よりやや下方に下がる．この段階では**図-3.2**に示すように荷重の増加はわずかであるがたわみの増加は大きい．

鉄筋コンクリート断面が曲げモーメントの作用によって破壊する場合，一般に，引張側の鉄筋が降伏するか，圧縮側のコンクリートが圧壊するかのどちらかが先に生じる．すなわち，鉄筋量が少なければ引張側の鉄筋が先に降伏し，曲げ引張破壊を生じ，鉄筋量が多ければ鉄筋が降伏する前に圧縮側のコンクリートが破壊し，曲げ圧縮破壊を生じる．しかし，いずれの場合でも，最終的な鉄筋コンクリートは

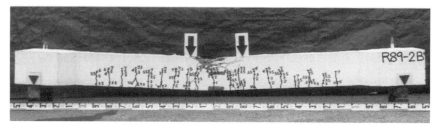

写真-3.1 鉄筋コンクリートはりの曲げ破壊状況（写真提供　柳沼善明氏）

りの破壊は，見かけ上圧縮側コンクリートの破壊によるように見える．それは，鉄筋の降伏してから破断に至るまでの伸びが非常に大きく，一般に鉄筋の破断は生じないからである（写真-3.1 参照）．

　ほとんどの曲げ部材は，鉄筋の降伏によって破壊するように設計される．それは，曲げ引張破壊をするように設計するほうが，一般に経済的になるばかりでなく，鉄筋が降伏してから圧縮側コンクリートの破壊に至る過程で非常に大きなたわみを生じ，じん性（ねばり）が大きいので，部材が破壊に近づいていることが外部からも容易にわかり安全であるからである．

3.1.2　曲げと軸力を受ける部材の挙動

　鉄筋コンクリート柱部材が軸方向圧縮力（軸力）を受ける場合，軸力が断面図心位置に作用する場合と偏心して作用する場合とではその挙動が異なる．また，その偏心の程度によっても，部材の挙動は変化する．そこで，それらを分けて説明する．

（1）　軸力が断面図心位置に作用する場合

　部材断面の図心に軸方向圧縮力が作用する場合には，図-3.3(a) に示すように端部からある程度離れた断面では，コンクリートには一様な圧縮応力が作用する．この場合の軸方向圧縮応力とひずみとの関係は図-3.3(b) のようになる．この図の2曲線は，それぞれコンクリートおよび鉄筋の応力-ひずみ曲線である．第2章で述べたように，コンクリートの最大応力点のひずみ ε'_0 と鉄筋の降伏ひずみ ε'_y とには大きな差はない．また，コンクリートのクリープ等で応力の再分配が生じても，3.2 で述べるように，終局時には鉄筋とコンクリートとは同時に破壊すると仮定できる．したがって，部材の終局耐力は，コンクリートおよび鉄筋の全断面積にそれぞれの強度を乗じた値の合計値として，きわめて簡単に求めるこ

とができる.

中心軸方向圧縮力を受ける場合には，破壊直前にいたるまで，外観はなんら変りはなく，破壊直前にかぶりコンクリートがはげ落ち，急激に耐荷力を失い，いわゆるぜい性破壊となる[1]．

図-3.4 に柱部材の軸力-変形曲線を示す．この図からわかるように，軸方向圧縮鉄筋を十分な量のらせん鉄筋で取り囲めば，かぶりコンクリートがはげ落ちた後も，らせん鉄筋の内側のコンクリートは拘束され耐荷力を維持したまま破壊に至るまでの大きな変形に耐えることができる．

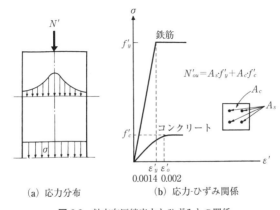

(a) 応力分布　　　　(b) 応力-ひずみ関係

図-3.3　軸方向圧縮応力とひずみとの関係

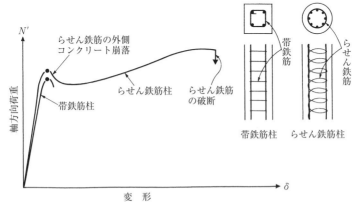

図-3.4　柱の変形と耐力

（2） 軸力が偏心して作用する場合

軸方向圧縮力 N' が断面の図心軸からある距離 e だけ偏心して作用する場合は，軸力だけでなく曲げモーメントも作用するため，断面に生じる応力は一様とならず，偏心 e が大きくなるにつれて，圧縮側コンクリートの応力が増加し，断面の軸方向耐荷力は低下する．

断面の引張側鉄筋のひずみ ε_s は，図-3.5 に示すように，偏心 e が小さい内は圧縮を示すが，ある程度以上になると引張となり，著しく大きくなると降伏するようになる．

このように，軸力と曲げモーメントを同時に受ける場合の断面の終局耐力は，軸力と曲げモーメントとの比率によって異なる．終局時の軸方向圧縮力 N' と曲げモーメント M_u との関係を示す図は相互作用図と呼ばれている．図-3.6 はその一例であり，図中の曲線上の N' と M_u の組合わせに達すると断面に破壊が生じることを示している．原点を通る直線は，偏心 e を一定のまま軸力を増加させる場合を示し，曲線に達した点で断面が破壊することを示している．曲線上の P 点は特異点であって，ここでは引張鉄筋が降伏すると同時に圧縮縁のコンクリートのひずみが終局ひずみに達する．この P 点は釣合破壊点と呼ばれる．したがって，原点と P 点とを結んだ直線より上，すなわち e がそれより小さければ断面は圧縮破壊，直線より下，すなわち e がそれより大きければ引張破壊となる．

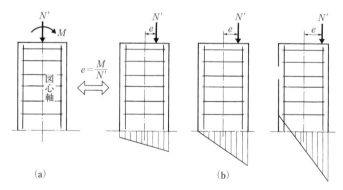

図-3.5 偏心軸方向圧縮力

3.1 作用荷重下の鉄筋コンクリートの挙動

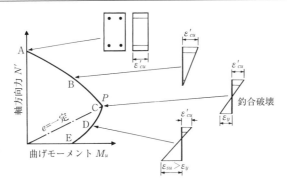

図-3.6 相互作用図と断面のひずみ分布

3.1.3 せん断力を受ける部材の挙動

　鉄筋コンクリート部材にせん断力が作用すると，部材の挙動や破壊様相は，これまで述べてきた曲げモーメント作用下の挙動とはかなり違ったものとなる．いま，鋼のように弾性的な材料を用いたはりが等分布荷重を受ける場合（**図-3.7** 参照）を考えてみる．はりには，曲げモーメントばかりでなく，せん断力も作用するから，断面 a-a には曲げ応力 σ とせん断応力 τ が生じる．図に示すように，はりの圧縮側では圧縮応力とせん断応力が，中立軸位置（図心）ではせん断応力だけ，また引張側では引張応力とせん断応力の組合わせ応力状態となる．

　この組合わせ応力状態によって，**図-3.7** および **3.8** に示すように，ある方向の応力が生じる．この応力を主応力（principal stress）といい，主圧縮応力 σ_{II} と，それに直交する主引張応力 σ_{I} の 2 つの成分がある．図に示すように，はりの上面（圧縮縁）や下面（引張縁）ではせん断応力が 0（$\tau=0$）であるから，主応力の大きさは曲げ応力に等しく（$\sigma_{I}=\sigma$, $\sigma_{II}=\sigma'$），その方向ははり軸方向に平行となる．一方，曲げ応力が 0（$\sigma=0$）の中立軸では，せん断応力だけとなるから，はり軸に対して 45°方向にせん断応力と等しい大きさの主応力（σ_{I}, $\sigma_{II}=\tau$）が生じる．

　鉄筋コンクリート部材の場合には，下縁の曲げ応力がコンクリートの引張強度に達し，曲げひび割れが発生しても，その引張力は引張鉄筋が負担するので，曲げ応力に対しては，さらに抵抗することができる．しかしせん断力が作用してい

29

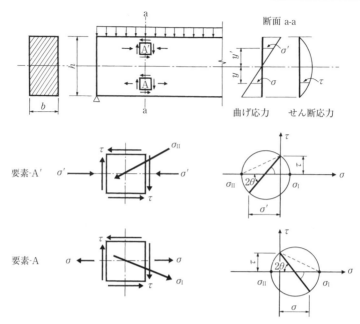

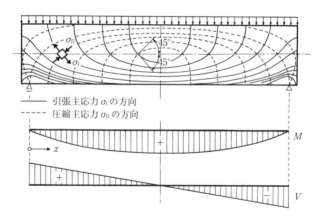

図-3.7 等分布荷重を受けるはりの応力状態

図-3.8 鋼のような材料を用いたはりの主応力の状態[1]

る領域では,さらに荷重を増加させていくと,はり軸に直交する曲げひび割れは主圧縮応力線に沿ったひび割れ(斜めひび割れ)へと進展していく.これら斜めひび割れの発生は,曲げ破壊のようなある断面の抵抗機構ではなく,コンクリー

トの圧縮応力が支点方向に向かう斜めの力の流れとなり，これを鉄筋の引張力によって外力に抵抗するという，新たな釣合状態をもたらす（**図**-3.9参照）．したがってせん断耐力は，この釣合機構を形成する各部の耐荷能力に依存することとなり，せん断破壊の形式も異なったものとなる．

写真-3.2は，主引張応力が大きくなり，斜め方向の抵抗力が失われたため，斜めひび割れの発生とほぼ同時に破壊したはりの様相を示したもので，①斜め引張破壊（diagonal tension failure）と呼ばれている．このような斜め引張破壊は，**図**-3.10に示すように，せん断スパンと有効高さの比（a/d）が2.5程度以上の場合に生じる．a/dが2.5〜1.0程度の場合には，②せん断引張破壊（またはせん断付着破壊）あるいは③せん断圧縮破壊が生じる．また，a/dが1.0程度以下の場合には④ディープビームの破壊が生じる．

またせん断破壊は，曲げ破壊と異なり，斜めひび割れの発生と，比較的急激に耐力を失うのが特徴である．したがって斜めひび割れの伸展を阻止するような位置に鉄筋（せん断補強鉄筋）を配置すると，部材は急激に耐荷力を失うことなく，

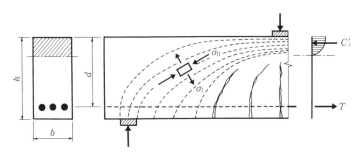

図-3.9　斜めひび割れへの伸展後の応力の流れ（模式図）

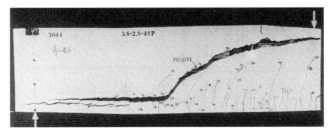

写真-3.2　斜めひび割れの発生による鉄筋コンクリート部材のせん断破壊[2]

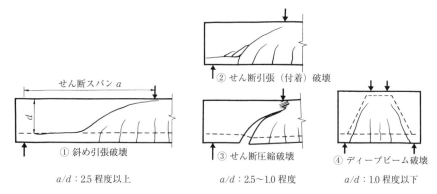

図-3.10 せん断破壊の形式（長方形断面）[3),4)]

耐荷機構の変化を伴って，さらに荷重に耐えることができるようになる．しかし，せん断補強筋を配置しても，その位置および方向が適切でかつ十分な量でなければ，**図-3.11**(a) に示すように，斜めひび割れが発生し，せん断破壊を生じる場合がある．さらには，同図(b) に示すようなI形断面のようにウェブが薄いと，斜

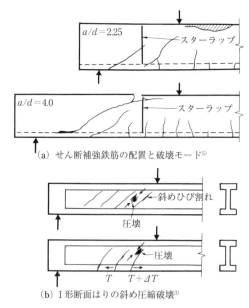

図-3.11 せん断補強鉄筋の配置とI形断面のせん断破壊の例

めひび割れ間のコンクリートは斜めの圧縮力によって破壊（斜め圧縮破壊）する場合がある．

3.2 鉄筋とコンクリートの相互作用

3.2.1 相互作用の種類

鉄筋コンクリートは，鉄筋とコンクリートという力学的性質が非常に異なる材料を組み合わせて，荷重に対して一体となって働くようにした複合構造材料である．したがって，鉄筋コンクリートには，両者の相互作用によって，複雑で特異な性質が現れる．それらの主なものは次のようである．

① コンクリートの収縮が鉄筋に拘束されて，外力による応力と無関係な応力（イニシャルストレス，initial stress）が生じる．

② コンクリートのクリープ変形により，鉄筋とコンクリートの力の分担割合の変化（応力の再分配）が起こる．

③ コンクリートの伸び能力が小さいため，引張りを受ける鉄筋のまわりのコンクリートにひび割れが生じる．

④ 鉄筋とコンクリートの変形性状の違いのために，両者間の付着および定着機構が複雑になる．

これらの性質は，いずれも鉄筋コンクリートの挙動を理解するうえで切り離して考えることのできない重要な事項である．

3.2.2 イニシャルストレスと応力の再分配

（1） イニシャルストレス

コンクリートは，収縮する性質を持っている．コンクリートの収縮は，主として，乾燥収縮と自己収縮であり，構造物周辺の温度・湿度，部材断面の形状・寸法，コンクリートの配合のほか，骨材の性質，セメントの種類，コンクリートの締固め，養生条件等の種々の要因によって影響を受ける．乾燥収縮は，コンクリート中の水分が蒸発することによって収縮する現象である．また，自己収縮は，セメントの水和反応により水分が消費され収縮する現象である．

一方，鉄筋は収縮しないため，両者を複合した鉄筋コンクリート部材では，コンクリートの収縮が鉄筋によって拘束される．そのため，鉄筋には圧縮応力が生じ，コンクリートには引張応力が生じる（**図**-3.12 参照）．また，コンクリート部材表面の収縮が内部の収縮より大きくなる場合には，表面部に引張応力が，内部には圧縮応力が生じる．このように，鉄筋コンクリート部材には，外力によって生じる応力とは無関係の応力，イニシャルストレスが生じる．イニシャルストレスの原因としては，収縮のほかにクリープや温度の影響も考えられるが，ここでは主要な原因として収縮を取り上げている．

図-3.13は，正方形断面の無筋および鉄筋コンクリート柱状供試体を無載荷の

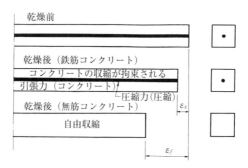

図-3.12　イニシャルストレスの発生

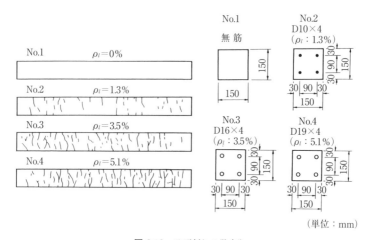

図-3.13　ひび割れの発生[6]

3.2 鉄筋とコンクリートの相互作用

まま恒温恒湿室（室温20℃，相対湿度60％）に約190日間放置した場合に，供試体コンクリート表面に発生したひび割れの状況を示したものである[6]．このように，無筋のものにはひび割れの発生は見られないが，鉄筋コンクリートのものにはひび割れの発生がみられる．また，鉄筋比が大きく，鉄筋による拘束作用の大きいほどコンクリートのイニシャルストレスが大きくなり，ひび割れの数が増加している．

このように，鉄筋の使用量が多く，コンクリートの乾燥度が大きい場合や，部材断面が大きく外側のコンクリートの乾燥が特に進行した場合には，コンクリートに生じるイニシャルストレスは多くなり，ひび割れが発生しやすくなる．

（2） 応力の再分配

コンクリートに持続荷重を作用させると，時間とともに変形が増大する現象をクリープと呼び，この場合のひずみの増加分をクリープひずみと定義する（**図-3.14**参照）．クリープひずみは，載荷直後の弾性ひずみの数倍にもなることがある．

一般に，鉄筋コンクリート構造物の設計では，クリープの影響を強度計算に考慮する必要がある場合は少ないが，たわみを正しく求めたい場合や，柱やはりの圧縮鉄筋の応力を特に検討したい場合などには，この構造物に起こるクリープを推定することが必要となる．特に，鉄筋コンクリート柱の場合には，コンクリートのクリープによって，**図-3.15**のように，コンクリートの応力度が低下し，反対に軸方向鉄筋の応力度が非常に大きくなり，ときにはその降伏点を超える場合がある．この傾向ははりの圧縮鉄筋にもいくぶん見られるものである．プレストレスコンクリートでは，クリープはプレストレスの損失の一つの大きい原因となる．

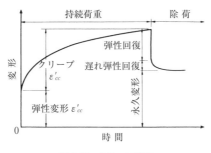

図-3.14　クリープ変形

第3章 鉄筋コンクリートの挙動

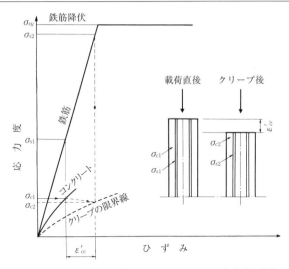

図-3.15 コンクリートのクリープによる柱断面のコンクリートの応力度と鉄筋の応力度の変化

コンクリートにクリープの生じる原因としては未だ明確にされていないが，周辺の大気との間に水分の移動が起こらない状態で，ペーストの粘性流動あるいはゲル粒子間のすべりに依存して生じるクリープ（基本クリープ）と乾燥による水分の移動に伴って起こる付加的クリープ（乾燥クリープ）とを区別して考えることができるといわれている[3]．

また，「持続荷重による応力が静的強度の1/3程度以内であれば，クリープひずみは応力度に比例する」と考えてもよく，これはデービス・グランビーユ（Davice-Granville）の法則として知られている．クリープを設計に用いるに当り，この法則を用いる（なお，土木学会示方書では，この比例する範囲を静的強度の40％以下としている）．すなわち，クリープひずみ ε'_{cc} は，載荷時の瞬間弾性ひずみ ε'_e に比例すると考え，この比例定数をクリープ係数 φ と呼び，この φ を用いて ε'_{cc} を次のように表す．

$$\varepsilon'_{cc} = \varphi \varepsilon'_e = \varphi \frac{\sigma'_{cp}}{E_{ct}} \tag{3.1}$$

ここで，σ'_{cp} は作用する圧縮応力，E_{ct} は載荷時材齢のヤング係数である．

全測定ひずみを弾性ひずみとクリープひずみに分離できない場合の応力計算

は，有効ヤング係数E_eを次のように定義して行うとよい．全測定ひずみをεとすると

$$\varepsilon = \varepsilon'_{cc} + \varepsilon'_e = (1+\varphi)\frac{\sigma'_{cp}}{E_{ct}} \tag{3.2}$$

$$E_e = \frac{E_{ct}}{1+\varphi} \tag{3.3}$$

コンクリートのクリープは，構造物周辺の温度・湿度，部材断面の形状・寸法，コンクリートの配合，荷重作用時のコンクリートの材齢のほか，骨材の性質，セメントの種類，コンクリートの締固め，養生条件等の種々の要因によって影響を受ける．したがって，設計に用いるコンクリートのクリープ係数の値は，実際の試験等から定める必要がある．なお，示方書には試験等によらない場合のクリープひずみの求め方と，クリープ係数が示されている．

3.2.3 コンクリートのひび割れ

鉄筋コンクリート構造物の部材引張側には，荷重作用によって，一般に種々のひび割れが発生する．それらの主なものは，横ひび割れ，内部ひび割れ，縦ひび割れ等である．なお，荷重作用以外でもコンクリート体積変化（温度，収縮等）や鉄筋腐食に伴ってひび割れが発生するが，それらについては，3.2.2 および 10.2 で述べている．

(1) 横ひび割れ

横ひび割れは，引張りを受ける鉄筋の周辺のコンクリートが，伸び能力が小さいため，鉄筋の伸びに追随できず発生するもので，鉄筋軸とほぼ直角方向に発生する（図-3.16 および図-3.17 参照）．横ひび割れは，鉄筋応力が比較的低いうちから発生するので，一般に使用状態でその発生を避けることは難しい．したがって，横ひび割れ発生を前提に設計する必要がある．実橋では，日射や風雨等によるコンクリートの乾燥や乾湿の繰返しの影響で，ひび割れの数が増えたり幅が広がったりする傾向がある[5]．ひび割れ幅が大きくなると鉄筋腐食のおそれが生じるので，鉄筋コンクリートの設計施工においては，耐久性の面から使用状態における横ひび割れ幅を制御することが大切である．

第3章　鉄筋コンクリートの挙動

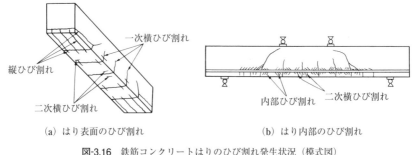

(a) はり表面のひび割れ　　　　(b) はり内部のひび割れ

図-3.16　鉄筋コンクリートはりのひび割れ発生状況（模式図）

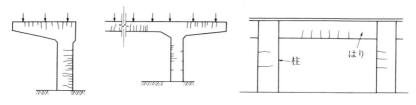

(a) 鉄筋コンクリート橋脚に発生した横ひび割れ　　(b) 建物のはりおよび柱に発生した横ひび割れ

図-3.17　実構造物における横ひび割れの発生状況

（2）　内部ひび割れ

　内部ひび割れは，異形鉄筋を用いた場合に特有のもので，横ひび割れの発生後間もなく横ひび割れに近い異形鉄筋のふしから発生し始める．そして，鉄筋応力度の増加あるいは載荷の繰返しとともに，遠いふしから発生するようになり，順次その数を増してゆく．内部ひび割れと鉄筋軸とのなす角度はおおよそ40～80度で60度前後のものが多い[7]．内部ひび割れは，一般に部材表面には現れないものであるが，このうちのあるものは，鉄筋応力度がかなり高くなってから特に成長してコンクリート部材表面に達して横ひび割れとなることがある．これは「二次横ひび割れ」と呼び，既存の横ひび割れ（一次横ひび割れ）とその発生時期，形状，幅などの点で異なった横ひび割れである（**写真-3.3**[7]，**図-3.18**[8] 参照）．

　写真-3.4[9] は，狭い間隔に並んだ2本の鉄筋が同じ方向に引っ張られた場合の内部ひび割れの発生状況を示している．このような内部ひび割れの発生状況（数，長さ，角度等）は鉄筋からコンクリートへの力の伝達機構（付着機構）や定着破壊機構を知るのにたいへん役に立つ（**図-3.19**[9] 参照）．

3.2 鉄筋とコンクリートの相互作用

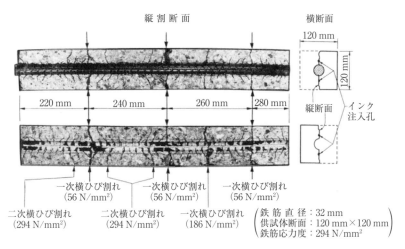

写真-3.3 引張異形鉄筋周辺のコンクリートに発生した内部ひび割れ[7]

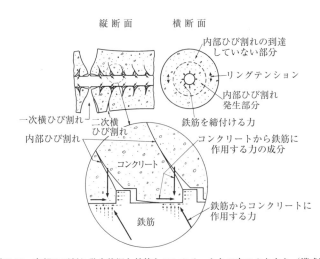

図-3.18 内部ひび割れ発生状況と鉄筋とコンクリートとの力のやりとり（模式図）[8]

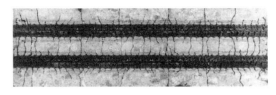

写真-3.4 狭い間隔に並行に配置された鉄筋周辺の内部ひび割れ状況[8]

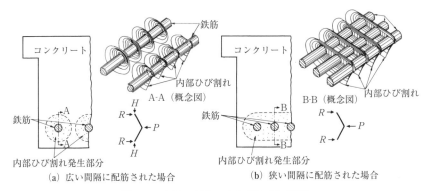

図-3.19 内部ひび割れの立体形状（模式図）[9]

（3） 縦ひび割れ

縦ひび割れは，異形鉄筋のまわりのコンクリートが，鉄筋軸に平行に割裂して発生するものである（図-3.16 および図-3.20 参照）．縦ひび割れは，異形鉄筋を使用した場合に特有のもので，普通丸鋼を用いた場合には鉄筋の腐食等の原因で発生する以外にはあまり見られないものである．縦ひび割れが，鉄筋の定着部や重ね継手部などに発生すると，その部材や構造物の破壊に直接つながることが多く，きわめて危険であって，鉄筋コンクリート構造物にとって常に好ましくないひび割れである．

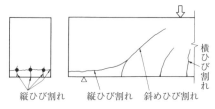

図-3.20 はりの主鉄筋定着部における縦ひび割れ

3.2.4 付　着

　鉄筋コンクリート構造物では，外力が直接鉄筋に作用することはまれで，ほとんどの場合，まわりのコンクリートを通して鉄筋に伝達される．このような場合に生じる，鉄筋とコンクリートとの界面におけるせん断に抵抗する作用を付着という．したがって，付着は，鉄筋とコンクリートという性質の異なる二つの材料が共同して外力に抵抗し，鉄筋コンクリートという複合構造が成立するための重要な条件である．

（1）　付着機構

　鉄筋とコンクリートとの間に付着が生じる機構は，次の三つの作用によると考えられる．

①　コンクリート中のペーストと鉄筋表面との間の化学的粘着作用

②　コンクリートと鉄筋表面との摩擦作用

③　異形鉄筋表面の突起による機械的作用

　普通丸鋼の付着抵抗は，一般に，このペーストと鉄筋表面との間の化学的粘着作用によると考えられている．しかし，この抵抗は比較的小さく，鉄筋応力のわずかな増大や繰返しによって容易に失われる．それ以後の普通丸鋼の抵抗は鉄筋表面とコンクリートとの摩擦作用によってなされる．この摩擦作用の大きさは，鉄筋表面の状態によって左右され，特に，さびによって鉄筋表面に微細な凹凸が生じていると著しく大きくなる．また，摩擦作用は外力やコンクリートの収縮によって作用する鉄筋表面の圧力の大きさによっても影響を受ける．

　異形鉄筋の付着抵抗は，上に述べた二つの作用のほかに，鉄筋表面にふしがあるのでふしとコンクリートとのかみ合いによる機械的抵抗が生じる．この機械的抵抗は，主としてふし前面の支圧抵抗である．また，異形鉄筋を使用した場合には，3.2.3 (2)で述べた，鉄筋軸と 40～80 度傾いて発生した内部ひび割れによって形成された櫛歯状コンクリートの変形による鉄筋締付け作用の結果，摩擦抵抗が著しく増大するものと考えられる（図-3.18 参照）．

（2）　付着に影響を及ぼす事項

　鉄筋とコンクリートとの付着に影響を及ぼす因子は種々考えられるが，付着を両者の界面近傍の作用に限定すれば，主として鉄筋の表面形状，コンクリートの

強度，鉄筋の埋込み位置である．なお，実際にはかぶりや横方向鉄筋など鉄筋周辺の部材の寸法や配筋状態も付着強度に影響すると考えられるが，これらは鉄筋の定着の際に考慮するのがよい．

a. 鉄筋の表面の状態および形状

鉄筋の表面の平滑度は，鉄筋とコンクリートとの付着に大きな影響を及ぼす．たとえば，鉄筋表面の浮きさびなどの過度のさびは付着を害するが，適度のさび(1%程度)は付着に良い影響を及ぼす．異形鉄筋は，表面のふしによる機械的抵抗が付着に貢献するので，普通丸鋼に比べて付着特性が約2倍以上よい．異形鉄筋のふしの間隔，高さ，傾きなどの表面形状（図-3.21参照）は付着特性に大きな影響を及ぼす．たとえば，ふしの間隔は小さいほど，ふしの高さは大きいほど，一般に付着特性は良くなることが明らかにされている[7]．

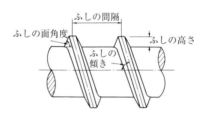

図-3.21　異形鉄筋のふしの形状

b. コンクリートの強度

普通丸鋼の付着破壊は，鉄筋表面とセメントペーストとの肌離れによって生じるので，ペーストの強度が大きいほど大きくなるのは当然である．異形鉄筋の場合には，鉄筋周辺のコンクリートが割裂して破壊（割裂付着破壊）する場合が多く，この場合はコンクリートの引張強度が付着を左右する．

c. 鉄筋の埋込み位置と方向

コンクリートのブリーディングによって，水平鉄筋の下側には水膜ができやすいので，水平鉄筋は鉛直鉄筋よりも付着強度が低下する．また，鉄筋下のコンクリートの打込み高さが高いほど付着強度の低下は大きい．したがって，上端筋より下端筋のほうが付着強度が大きい．

3.2.5 鉄筋の定着および重ね継手

鉄筋の定着部や重ね継手部は，その破壊が構造物や部材の破壊に直接つながることが多く，鉄筋コンクリート構造においてきわめて重要な部分である．

（1） 鉄筋の定着

鉄筋コンクリート部材に外力が作用した場合に，鉄筋とコンクリートが一体となって働く必要がある．この鉄筋をコンクリートに固定し，一体とすることを定着と呼ぶ．特に，鉄筋端部の定着はきわめて重要で，定着が不完全であれば鉄筋端部が抜け出してしまい，部材の破壊につながる．したがって，鉄筋端部は，コンクリート中に十分埋め込んで，鉄筋とコンクリートとの付着力によって定着するか，または機械的に定着するかしなければならない．異形鉄筋の場合には，付着力が強いので，一般にその端部にフックを付けなくてもよいが，付着力が弱い普通丸鋼の場合には，フックをつけて定着効果を高めることが義務づけられている．

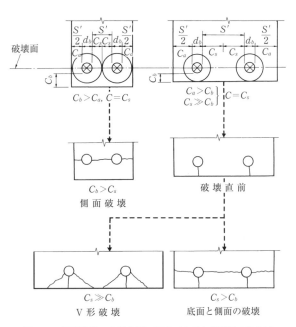

図-3.22 異形鉄筋の定着破壊の形式（かぶりが普通の場合）[10]

異形鉄筋の定着破壊の形式は，一般にかぶりコンクリートの厚さ，鉄筋間隔，横方向補強鉄筋の量等によって異なる（図-3.22[10] 参照）．

かぶりが普通程度（鉄筋直径の1～3倍程度）であれば，鉄筋のふしからコンクリートへ伝えられた力の鉄筋軸と直角方向の分力によってリングテンションが生じ，鉄筋のまわりのコンクリートが鉄筋に沿って割裂（縦ひび割れ発生）して，定着が破壊する．

かぶりが特に大きかったり，横方向補強鉄筋が十分配置されていて，コンクリートの割裂が生じない場合には，鉄筋のふしとふしとの間のコンクリートがせん断されたり（ふし間隔が特に小さい場合），ふし前面のコンクリートが圧壊されたりして鉄筋が引き抜け定着が破壊する．また，フーチングのようなマッシブなコンクリートに埋め込まれた鉄筋が引張力を受けると，**写真-3.5** に見られるように，内部ひび割れが成長して，コンクリート表面まで達することがある．**写真-3.6** は過大な引張力を受けて，鉄筋が破断するとともに，コンクリートがコーン状に破壊した一例である．さらにコンクリート中に埋め込まれる鉄筋の長さが鉄筋の強さを発揮できるほど長くない場合にも，**図-3.23** のように，コンクリートがコーン状に抜け出す定着破壊の原因となる．

鉄筋の強さを完全に発揮させるために，コンクリート中に埋め込まれる鉄筋の長さを，一般に鉄筋の定着長と呼んでいる．

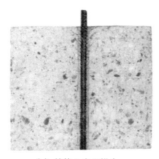 

(a) 鉄筋1本の場合　　　　　(b) 鉄筋2本の場合（純間隔33 mm）

$$\left(\begin{array}{l}鉄\ 筋\ 直\ 径：22\ mm\\ 鉄\ 筋\ 応\ 力\ 度：245\ N/mm^2\\ 鉄筋埋込み長さ：400\ mm\end{array}\right)$$

写真-3.5　マッシブなコンクリートに埋め込まれた鉄筋定着部の内部ひび割れ発生状況[8]

3.2 鉄筋とコンクリートの相互作用

写真-3.6 コーン状の破壊（東北地方太平洋沖地震の津波で被災した防潮堤）

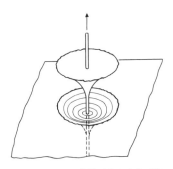

図-3.23 コーン状抜け出し定着破壊

設計で用いる鉄筋の定着長は，示方書では，鉄筋の種類や配置，コンクリートの強度，かぶり等によって定められた基本定着長をその使用状態によって修正して用いる（**11.1.5 参照**）．

（2） 重ね継手

重ね継手は，2本の鉄筋の端部を適当な長さで重ね合わせてコンクリート中に埋め込み，その重ね合わせた部分のコンクリートを通して，一方の鉄筋から他方の鉄筋へと応力を伝達する機構の継手であって，施工が簡単で経済的であるので，非常に多く使われている．

異形鉄筋の重ね継手の2本の鉄筋をわずか離して重ね合わせた部分のコンクリートには，**写真-3.7** に示すように両方の鉄筋のふしとふしとを斜めに連結する

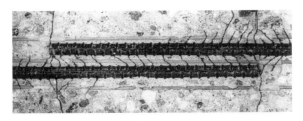

鉄 筋 直 径：16 mm
鉄筋応力度：245 N/mm²
重ね合せ長さ：250 mm
純　間　隔：8 mm

写真-3.7　異形鉄筋の重ね継手の内部ひび割れ発生状況[8]

内部ひび割れが数多く発生している[8]．この内部ひび割れの傾きは，この部分のコンクリートを通して，一方の鉄筋から他方の鉄筋へと力が伝達される方向を示している．このように内部ひび割れの方向が鉄筋軸とある傾きを持っているために，鉄筋の引張力を伝達する過程で，両方の鉄筋を互いに引き離そうとする力が生じる．したがって，異形鉄筋の重ね継手部には，鉄筋軸に沿って縦ひび割れが発生しやすいと考えられる．

重ね継手の破壊は，この縦ひび割れが成長して生じることから，重ね継手の強度には，重合わせ長さだけでなく，かぶりも大きく関係していることがわかる．また，かぶりが十分とれない場合でも，横方向鉄筋を適切に配置すればよい．特に，スパイラル鉄筋を図-3.24のように継手端部付近に集中して配置する方法[11]は，地震のような高応力の繰返し荷重が作用する場合にもよい．詳しくは，**第11章構造細目および継ぎ手指針**[12]を参照すること．

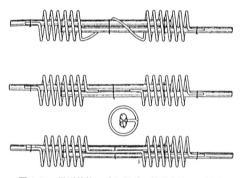

図-3.24 異形鉄筋の重ね継手の補強方法の一例[11]

文　　献

1) Leonhardt, F.：コンクリート構造物におけるせん断に関する諸問題（上），橋梁と基礎 Vol. 11, No. 3, pp. 1-8, April 1977.
2) Kani, M. W. *et al*：Kani on Shear in Reinforced Concrete, Dept. of Civil Eng., Univ. of Toronto Press, 225 p., 1979.
3) Bresler, B. and MacGregor, J. G.：Review of Concrete Beams Failing in Shear, Proc. of ASCE, Vol. 93, No. ST 1, pp. 343-372, Feb. 1967.
4) ASCE-ACI Task Committee 426：The Shear Strength of Reinforced Concrete Members, proc. of ASCE, Jour. of the Structural Div., Vol. 99, No. ST 6, pp. 1091-1187, June 1973（コンクリート工学，Vol. 14, No. 7, No. 8, No. 9, No. 10, 1976）．
5) A. M. Neville, 後藤幸正・尾坂芳夫 監訳：ネビルのコンクリートの特性，技報堂出版，1979.

6) 尾坂芳夫・大塚浩司・松本英信：乾燥の影響を受ける引張 RC 供試体のひびわれ性状，コンクリート工学，Vol. 23, No. 3, 1986.
7) Goto, Y.：Cracks formed in concrete around deformed tension bars, Hour. of ACI, Vol. 68, pp. 244-251, April. 1971.
8) 後藤幸正・大塚浩司：引張を受ける異形鉄筋周辺のコンクリートに発生するひびわれに関する実験的研究，土木学会論文報告集，No. 294, 1980.2.
9) Yukimasa, Goto and Koji Otsuka：Studies on Internal Cracks formed in Concrete Around Defermed Tension Bars, Transaction of the Japan Concrete Institute 1979.
10) C. O. Orangun, J. O. Jirsn and J. E. Breen：A Reevaluation of Test Data on Denetopment Length and Splicies, ACI Journal, March, 1977.
11) 後藤幸正・大塚浩司他：実用新案登録　第 1240507 号 "鉄筋継手" 1978 年.
12) 土木学会：鉄筋定着・継手指針（2007 年版），コンクリート委員会継手指針改訂小委員会，2007 年 8 月.

第4章　鉄筋コンクリートの設計法

要　　点

（1）　鉄筋コンクリート構造物がその使用目的を果たすためには，「作用荷重」とその累積に対して「安全な強度（安全性）」および「快適な使用性」を持つばかりでなく，供用期間中の環境作用などに対しても「十分な耐久性」を持たなければならない．

（2）　近年，発展した科学技術の支援を受けて構造部材の性能の限界状態における正確な把握が可能となり，それに基づいて材料や部材，荷重などの各種安全係数を用いる限界状態設計法が世界各国で採用されるようになった．

（3）　我が国の土木学会コンクリート標準示方書でも，1986（昭和61）年にそれまでの許容応力度法による設計体系を改め，基本的に限界状態設計法が採用された．限界状態設計法では，構造物に要求される性能を明確に定め，それぞれに応じて限界状態を与えることになる．そして，設計耐用期間を通じて構造物が限界状態に至らないことを照査し，要求性能を満足するかどうかを確認する．現在では，安全性や使用性などの要求性能に加えて，耐久性についても限界状態に基づいた性能照査設計の考え方が導入されている．

第4章 鉄筋コンクリートの設計法

4.1 許容応力度設計法から限界状態設計法へ

4.1.1 設計法の変遷

　科学としての力学が発達する以前にも構造技術の偉大な成果が数多くみられる（**写真-4.1** ローマのアーチ橋，AD1世紀）．暗黒時代といわれる中世間においても，技術の経験的知識とそれをギルド的に伝承するやり方で達成された構造技術の成果は力学的にみて完全に近く，驚くべきものである（**図-4.1** ケルンの大聖堂[1]）．

　16世紀から17世紀にかけては，自然究明の科学として力学が発達した．その成果は次第に構造部材の強度の評価に用いられるようになったが，それらを実構造物の建造に活用する着想はなかったといわれる．

写真-4.1　ローマのアーチ橋（ラス・ファレラス水道橋）

図-4.1　ケルンの大聖堂

18世紀に入ると,積極的に材料の力学的性質を実験で調べ,部材の破壊強度を客観的に記述する試みがなされている.このように,科学の支援を受けるようになると構造技術の進歩は加速した.しかし,この時代の部材強度の評価法には部材の力学的挙動の反映が十分でないといわれている[2]).

構造部材に働く応力を弾性理論によって正確に算出し,その大きさを制限して部材が破壊しないようにしようとする設計方法は,19世紀の初めにフランスで唱えられたといわれている[2]).それは,長期間にわたり健全な状態で使用された既存の多くの構造物について,弾性理論によりその部材に作用している応力度 σ を計算し,それらの値と同じ材料の試験片で求めた材料強度 f_o の部分値 f_o/k との比較から適当な k の値を定め,$\sigma < f_o/k$ であればその部材は破壊しないとする設計方法である.これは主として経験的事実をよりどころとして,構造設計のすべての不確実性を,一括して安全率 k に託した形の許容応力度設計法である[2]).

19世紀中ごろに発明された鉄筋コンクリート(RC)においても,断面算定は許容応力度法によってなされている.一方,RC 構造は,施工の良否によってコンクリート強度が大きく変動することが悩みであった.そのため,今世紀の初頭には各国で公的な設計施工基準が制定され,許容応力度の安全率の値が定められている.その値は,設計施工技術の進歩に応じて次第に低減されてきたが,その補正量はごく一部分に限られており,その大きさは基本的に経験に依存している.

近年に至り,許容応力度設計法は,種々の視点から欠点が指摘されてきた.たとえば,今世紀初頭,ヨーロッパでは多くのれんが造りの煙突が風で倒壊した[*1].これが契機となって,許容応力度法による安全性の確認が「常に安全を保証する」とはいえないことが示された.そして,構造物の破壊に対する安全を確保する方法について関心が高まり,材料および部材の塑性領域や終局状態における挙動についての研究が盛んに行われるようになった.

1950年ごろヨーロッパ諸国において,より経済的で確実なコンクリート構造物を再建するために,RC 部材の性能の概念を明確にし,関連する構造技術の進歩を促進しようとする機運が高まった.そして,各国が伝統的な立場で進めてき

[*1] 許容圧縮応力度 f_c/k,許容引張応力度 f_t/k($\fallingdotseq 0$)で設計された煙突は,実際の風圧が設計風圧をわずかでも超えると,断面の引張側から破壊する.このように,れんがや無筋コンクリート構造では許容応力度の安全率をいくら大きくとっても,これのみでは安全性は確保できない.

第4章　鉄筋コンクリートの設計法

た研究活動や基準に統一性を与えるための国際協力の必要性が叫ばれた．そこで，1953年に科学的な研究成果で保証された国際統一設計施工基準を作成しようという目的から，ヨーロッパコンクリート委員会（CEB）が発足した．このような経過を経て，限界状態設計法がCEBから初めて1964年に基準として発表された．その後，国際プレストレスト・コンクリート協会（FIP）との協力により，PCを含む基準（1970年）に改められ，1978年にCEB-FIPモデルコード87が作られた．さらに1991年にCEB-FIPモデルコード90が完成した．限界状態設計法は，構造物に作用する荷重や材料特性のばらつきなどを確率論的に考慮する設計手法であり，構造物の目的や機能に応じて最適な構造あるいは材料を提供できることから，fibモデルコードやACIマニュアルなどが欧米各国に導入されている．

　一方，性能照査設計は，構造物の要求性能を明確にし，それを満足しているかどうかを適切な手法で照査（チェック）する設計体系である．構造形式，材料，解析手法などに自由度が生まれ，新技術や新材料の導入による建設コストの縮減などが期待されている．性能照査設計を具体的に実現できる設計法としては，許容応力度設計法より限界状態設計法が適しているといわれている．土木学会コンクリート標準示方書においても，構造物の限界状態に基づいた性能照査設計が採用されており，構造物の照査項目として従来からの安全性などの構造性能に加えて耐久性を取り入れた示方書が制定されている．耐久性の照査では，構造物の設計耐用期間[*2]において，想定される作用により鋼材腐食などの材料劣化による不都合が生じないことを照査することになる．

4.1.2　許容応力度設計法

　許容応力度設計法とは，鉄筋とコンクリートとをともに弾性体と仮定し，コンクリートの引張力を無視して計算した各材料に作用する応力度が，それぞれの許容応力度以下であることを確かめる方法によるものである．その特徴としては次の点があげられる[2)]．

　① 許容応力度設計法は，数十年余り用いられてきたという歴史的事実があり，

---

*2　設計時において，構造物または部材が，その目的とする機能を十分に果たさなければならないと規定した期間．

4.2 限界状態設計法

補足条項を組み合わせることにより，普通の場合に，その時代に期待された機能をほぼ満足する構造物を造ることができた．

② この設計方法で造られた構造物は今日まで数限りなくあり，設計方法と造られた構造物の性能との対応について，非常に多くのデータが蓄積されており，これらは，新しい形式の設計基準を作る際の基礎とすることができる．

③ RC の許容応力度設計法は，部材断面の応力状態が比較的高い段階（図-3.2 の Ⅱ b の後期）を検証状態としており，そのため部材の使用中の性状と破壊に対する安全性とを，実用上の精度で同時に照査できると考えられてきた．

許容応力度設計方法には，構造設計の精度をさらに高めようとするとき，次のような問題点がある．

① 許容応力度は，材料の設計基準強度を安全率で割って求められるが，材料強度のばらつき，作用荷重の種類の相違や変動，構造解析および応力度算定の誤差，施工誤差，構造物の社会的重要度など，設計施工に関する多くの不確実性を，一つの安全率の値を補正することによって取り扱う方法は不合理が生じる．

② コンクリート構造物の複雑な応答挙動（コンクリートが弾性体でないこと，ひび割れが発生することなどによる）を，部材断面のある一段階の応力状態によって判断する方法は高い精度が得られず効率的でない．

4.2 限界状態設計法

4.2.1 一　般

鉄筋コンクリート部材は，**第 3 章**で述べたように，荷重が小さいと弾性的であるが，荷重の増加に伴って，次第に塑性的挙動を示し，ついには破壊する．この間の部材の挙動は滑らかに連続するのではなく，例えば，ひび割れの発生・進展，たわみの増加，鉄筋の降伏，断面破壊などの「際だった変化を示す特別な状態」[2]を示す（**図-4.2**）．これらの特定の状態を限界状態と呼び，この状態では構造物はその機能を果たさなくなり，あるいは様々な不都合が発生して，要求性能

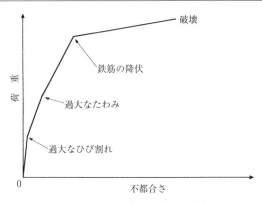

図-4.2 荷重と不都合さの関係の概念図[3]

を満足しなくなる．この状態を設計のよりどころとして用いている設計法が限界状態設計法である．

限界状態設計法では，構造物に要求される性能を明確に定め，それぞれに応じて限界状態を与えることになる．そして，設計耐用期間を通じて構造物が限界状態に至らないことを照査し，要求性能を満足するかどうかを確認する．

限界状態設計法は，許容応力度設計法に比べて次のような利点がある．

① ひび割れの発生や断面破壊，鉄筋腐食など複数の限界状態（または要求性能）を一つの設計体系で合理的に扱える．

② 荷重などの作用に対するもの，あるいは材料に対するものなど，複数の安全係数を用いることができ，活荷重や死荷重のような異なった作用のばらつき，鉄筋とコンクリートのような異種材料のそれぞれのばらつきを個々に取り扱うのに便利である．

③ 限界状態の設定や不確実性に関する知識や取り扱い方法の進歩を随時取り入れることができ，発展性を有している．

以下，限界状態設計法における設計の流れ，構造物に要求される性能，また，要求性能に応じて設定される限界状態や性能照査の方法，安全係数と荷重などについて，2012 年制定 コンクリート標準示方書［設計編］[4]に従って説明する．

4.2.2 設計の流れ

構造物の設計の一般的な流れを示すと図-4.3のようになる．設計では，まず自然条件，社会条件，施工性，経済性，環境適合性などの構造物の要件を考慮した個別の目的に応じて要求性能を設定することになる（4.2.3参照）．そして，その要求性能を満たすように構造物の構造計画，構造詳細の設定を行い，設計耐用期間を通じて要求性能が満足されていることを照査することになる．構造計画では，要求性能を満たすように，構造特性，材料，施工方法，維持管理手法，経済性などを検討して構造形式の設定を行う．また，構造詳細では，構造計画で設定された構造形式に対して，示方書［設計編］の構造細目（**第11章参照**）などに従って形状・寸法・配筋などを設定する．この段階で構造物の維持管理に関わる点検

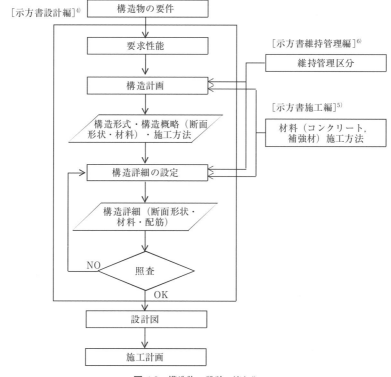

図-4.3 構造物の設計の流れ[4]

用の開口や階段などの維持管理設備に配慮した構造詳細を検討するのがよい．続いて，設計耐用期間を通じて，構造物が性能を満足しているかどうかを照査する(**4.2.5**参照)．性能照査とは，設定された構造物の形式，断面，使用材料，構造諸元などが，所定の目標性能を有することを適切な方法で確認する作業である．もし，照査の結果，要求性能を満足しない場合には構造詳細を見直すこととなる．なお，要求性能の照査結果によって，可能な限り構造形式の変更が生じないように構造計画を行うのが設計の合理性の観点から重要である．

4.2.3 要求性能と限界状態

鉄筋コンクリート構造物の設計では，その設計耐用期間において構造物の使用目的に適合するために要求される全ての性能を設定することになる．一般には，安全性，使用性，耐久性，復旧性および環境性に関する要求性能がある．そして，それぞれの要求性能に応じた限界状態を設定し，照査することになる．本書では構造物設計の基本となる安全性，使用性，耐久性の照査について主に取り上げている．

(1) 安全性

安全性とは，想定される全ての作用のもとで，構造物が使用者や周囲の人の生命や財産を脅かさないための性能をいう．安全性には，耐荷力などの構造物の力学上から定まる性能と，供用目的や機能の喪失から定まる性能に大別される．通常，荷重作用に対する断面破壊や疲労破壊などについて限界状態を設定することになる．**表-4.1**に安全性に対する限界状態と照査指標の例を示す．

表-4.1 安全性に対する限界状態と照査指標の例

限界状態	内容	照査指標
断面破壊	設計耐用期間中に生じる全ての作用に対して，構造物が耐荷能力を保持することができる性能を表す限界状態.	力
疲労破壊	設計耐用期間中に生じる全ての変動作用の繰り返しに対して，構造物が耐荷能力を保持することができる性能を表す限界状態.	応力度・力
変位変形・メカニズム	設計耐用期間中に生じる全ての作用に対して，構造物が変位，変形，メカニズムや基礎構造物の変形等により不安定とならないことを保持できる性能を表す限界状態.	変形・基礎構造による変形

（2） 使用性

　使用性は，想定される作用のもとで，構造物の使用者が快適に構造物を使用する，あるいは周辺の人が構造物によって不快とならないための性能および構造物に要求される諸機能に対する性能をいう．一般に，応力やひび割れ，変位変形などを指標とし，構造物の機能や使用目的に応じて，快適性やそれ以外の機能性に関する限界状態が設定されている．**表-4.2**に使用性に対する限界状態と照査指標の例を示す．

表-4.2　使用性に対する限界状態と照査指標の例

限界状態	内容	照査指標
外観	コンクリートのひび割れ，表面の汚れなどが，不安感や不快感を与えず，構造物の使用を妨げない性能．	ひび割れ幅，応力度
騒音・振動	構造物から生じる騒音や振動が，周辺環境に悪影響を及ぼさず，構造物の使用を妨げない性能．	騒音・振動レベル
走行性・歩行性	車両や歩行者が快適に走行および歩行できる性能．	変位・変形
水密性	水密機能を要するコンクリート構造物が，漏水や透水，透湿により機能を損なわない性能．	構造体の透水量，ひび割れ幅
損傷（機能維持）	構造物に変動作用，環境作用などの原因による損傷が生じ，そのまま使用することが不適当な状態とならない性能．	力・変形など

（3） 耐久性

　耐久性は，想定される作用ものとで，構造物中の材料劣化により生じる性能の経時的な低下に対して構造物が有する抵抗性とされている．本来，耐久性とは，安全性や使用性などの要求性能が設計耐用期間を通じて確保される能力として設定されるものであるが，各種の要求性能を時間の関数として評価することは，現段階では難しく，また必ずしも経済的ではない．そこで，一般には，設計耐用期間中に，環境作用により構造物を構成する各種材料が劣化により不具合が生じないことを構造物の耐久性として設定し，この前提条件が満足されることで，安全性や使用性などの要求性能が維持されるとして照査を行うことになる．このことにより，構造物が設計耐用期間にわたり各種の要求性能を満足することを間接的に保証している．**表-4.3**に耐久性に対する限界状態と照査指標の例を示す．

第4章　鉄筋コンクリートの設計法

表-4.3　耐久性に対する限界状態と照査指標の例

限界状態	内　容	照査指標
鋼材腐食	塩害および中性化による鋼材腐食によって構造物の所用の性能が損なわれない.	ひび割れ幅, 鋼材位置における塩化物イオン濃度, 中性化深さ
コンクリートの劣化	凍害および化学的侵食によるコンクリートの劣化によって構造物の所用の性能が損なわれない.	相対動弾性係数, 化学的侵食深さ

4.2.4　安全係数と荷重

(1)　安全係数

実際の構造物設計では，受ける荷重の大きさや構造材料の品質のばらつきなど不確実性の問題がある．そこで，限界状態設計法では，許容応力度法で一括して考慮していた安全率の代わりに，これらの不確実性を考慮することを目的として，複数の安全係数が導入され照査に用いられている．

安全係数には，材料係数 γ_m，荷重係数 γ_f，構造解析係数 γ_a，部材係数 γ_b および構造物係数 γ_i があり，その内容を**表-4.4**に示す．

構造物の安全係数は，対象とする要求性能（限界状態）ごとの不確実性の程度

表-4.4　性能照査に用いる安全係数とその内容

安全係数	内　容
材料係数 γ_m	材料強度の特性値からの望ましくない方向への変動, 供試体と構造物中との材料特性の差異, 材料特性が限界状態に及ぼす影響, 材料特性の経時変化などを考慮して定める.
荷重係数 γ_f	荷重の特性値からの望ましくない方向への変動, 荷重の算定方法の不確実性, 設計耐用期間中の荷重の変化, 荷重の特性が限界状態に及ぼす影響などを考慮して定める.
構造解析係数 γ_a	応答値算定時の構造解析の不確実性等を考慮して定める. 構造解析係数 γ_a は, 一般に 1.0 としてよい.
部材係数 γ_b	部材耐力の計算上の不確実性, 部材寸法のばらつきの影響, 部材の重要度, すなわち対象とする部材がある限界状態に達したときに, 構造物全体に与える影響などを考慮して定める. 部材係数 γ_b は, 限界値算定式に対応して, それぞれ定める.
構造物係数 γ_i	構造物の重要度, 限界状態に達したときの社会的影響等を考慮して定める. 構造物係数 γ_i は, 一般に 1.0～1.2 としてよい.

4.2 限界状態設計法

表-4.5 線形解析を用いる場合の標準的な安全係数の値（安全性，使用性）

安全係数 要求性能 （限界状態）	材料係数 γ_m		作用係数 γ_f	構造解析係数 γ_a	部材係数 γ_b	構造物係数 γ_i
	コンクリート γ_c	鋼材 γ_s				
安全性 （断面破壊）	1.3	1.0 または 1.05	1.0 ～ 1.2	1.0	1.1 ～ 1.3	1.0 ～ 1.2
安全性 （疲労破壊）	1.3	1.05	1.0	1.0	1.0 ～ 1.1	1.0 ～ 1.1
使用性	1.0	1.0	1.0	1.0	1.0	1.0

表-4.6 標準的な安全係数の値（耐久性）

安全係数 限界状態（劣化機構）	コンクリート の材料係数 γ_c	設計値（中性化深さあるいは鋼材位置における塩化物イオン濃度）のばらつきを考慮した安全係数		構造物係数 γ_i
		中性化 γ_{cb}	塩害 γ_{cl}	
鋼材腐食（中性化，塩害）	1.0 ～ 1.3	1.1 ～ 1.15	1.1 ～ 1.3	1.0 ～ 1.1
コンクリートの劣化（凍害，化学的侵食）	1.0 ～ 1.3	—		1.0 ～ 1.1

によって定まるものであり，必ずしも同一の値をとるものではない．**表-4.5** および**表-4.6**は，土木学会コンクリート標準示方書に示されている標準的な安全係数である．なお，非線形解析法を用いて性能照査を行う場合には，解析法に用いる照査指標に応じて**表-4.4**の安全係数の主旨を考慮して適切に設定する必要がある．

（2）作　用

構造物の性能照査では，設計耐用期間中に想定される作用を，要求性能に対する限界状態に応じて，適切な組合せのもとに考慮する必要がある．作用は，持続性，変動の程度および発生頻度によって，一般に永続作用，変動作用，偶発作用に分類される．

① 永続作用：その変動はきわめてまれか，平均値に比して無視できるほど小さく，持続的に生じる作用であり，死荷重，土圧，プレストレス力，コンクリートの収縮およびクリープの影響などがある．

② 変動作用：連続あるいは頻繁に生じ，平均値に比してその変動は無視でき

表-4.7 荷重の種類と内容

種　類	内　容
死荷重	構造物を構成する，または付帯する材料の重量に起因する作用であり，その特性値は実重量を基準とする．一般に，重量のばらつきはあまり大きくないので，設計寸法に基づいた算出が可能である．
活荷重	構造物上を移動する自動車，列車，群衆などの荷重とそれにより発生する衝撃や制動荷重などの動的な応答をいう．道路橋や鉄道橋のように，活荷重について規定値のある場合は，それを用いる．
土　圧	鉛直土圧と側方土圧があり，後者はさらに静止土圧，主働土圧，受働土圧に分かれる．鉛直土圧と静止土圧は，構造物周囲の土質の状態によって定まる直接荷重である．一方，主働土圧，受働土圧は，構造物の変形に伴って作用する土圧である．

表-4.8 荷重係数

要求性能	限界状態	作用の種類	作用係数
安全性	断面破壊など	永続作用	1.0 ～ 1.2 *
		主たる変動作用	1.1 ～ 1.2
		従たる変動作用	1.0
		偶発作用	1.0
	疲　労	全ての作用	1.0
使用性，耐久性	全ての限界状態	全ての作用	1.0

＊　自重以外の永続作用が小さい方が不利となる場合には，永続作用に対する作用係数は 0.9 ～ 1.0 とするのがよい．

ない作用であり，活荷重，温度変化の影響，風荷重，雪荷重などがある．
③　偶発作用：設計耐用期間中に生じる頻度がきわめて小さいが，生じるとその影響が非常に大きい作用であり，地震の影響，津波の影響，衝突荷重，強風の影響，および火災の影響などがある．

表-4.7に死荷重，活荷重，土圧などの主な作用の種類と内容を示す．設計作用は，作用のばらつきを考慮し作用係数を乗じて求められる．要求性能，限界状態，作用の種類に応じた作用係数は**表-4.8**のように示されている．

4.2.5　性能照査

性能照査とは，要求性能に基づいて設定された限界状態に対して，適切な照査方法を用いて性能を満足しているかどうかを確認する方法である．以下に性能照

査の原則と各種の要求性能に関する照査方法の概要を述べる．

（1） 性能照査の原則

構造物の性能照査は，要求性能に応じた限界状態を設計耐用期間中の構造物あるいは構造部材ごとに設定し，設計で仮定した形状・寸法・配筋などの構造詳細を有する構造物あるいは構造部材が限界状態に至らないことを確認する．また，構造物の性能照査を合理的に行うためには，性能項目を可能な限り直接評価することができる照査指標を用いて，その限界値と応答値を比較することが原則となっている．一般に，4.2.3 で述べたように構造物の要求性能に対応する等価な限界状態が与えられ，照査が行われている．

しかし，上述の性能照査法は，構造物の材料と力学理論に立脚したものであるが，示方書［設計編］に示されている鉄筋に関する構造細目やその他の構造細目が満足されることによって照査法の前提条件が確保されるようになっている．さらに，示方書［施工編］[5]に従い標準的な施工計画が策定され，材料の設計が行われることを前提としている．また，構造性能が維持されるよう示方書［維持管理編］[6]によって供用後に適切な維持管理を実施することも前提条件とされている．

（2） 照査の方法

限界状態に対する照査は，材料強度および作用の特性値ならびに安全係数（**4.2.4** 参照）を用い，設計応答値[*3]と設計限界値[*4]を算定した上で，安全性，使用性，耐久性などの各種の要求性能ごとに定められている照査方法によって行う．照査は一般に式（4.1）により行う．

$$\gamma_i \cdot \frac{S_d}{R_d} \leq 1.0 \tag{4.1}$$

ここに，S_d：設計応答値
R_d：設計限界値
γ_i：構造物係数

[*3] 設計荷重により生じる応答値に構造解析係数を乗じた値．
[*4] 材料の設計値を用いて算定した部材はまたは構造物の性能を部材係数で除した値，および要求性能に応じて設定される照査の限界値．

（3） 安全性に関する照査

　安全性に関する照査では，一般に照査の対象となる限界状態は断面破壊である．限界状態としての断面破壊は，その構造物が受ける荷重と構造物が有する耐荷力の大小関係によって定まる．標準的な照査の手順を図-4.4に示す．構造物に対す

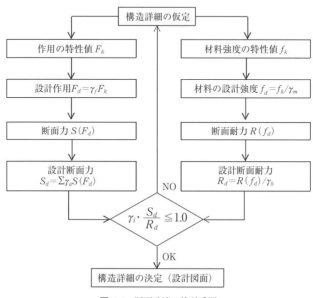

図-4.4　断面破壊の検討手順

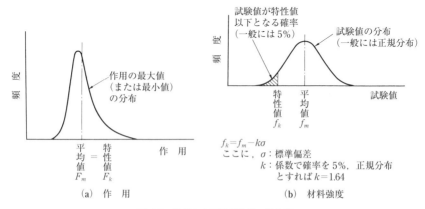

図-4.5　作用および材料強度の特性値

る荷重など作用は，多様で大きな変動をともなうことが多い．このため限界状態設計法では，不確実性を考慮するとともに，安全側で設計を行うため，構造設計に用いる設計作用（特性値）は作用の平均値より大きく設定される（**図-4.5 (a)**）．そして，設計作用による断面力 $S(F_d)$ を構造解析によって計算し，これに解析手法の不確かさを考慮した構造解析係数 γ_a を乗じて，設計断面力 S_d を算出する．一方，部材断面の最大耐荷力を表す断面耐力 $R(f_d)$ は，材料の設計強度（**図-4.5 (b)**）および断面の大きさと鉄筋量によって与えられる．この断面耐力を部材寸法のばらつきや算定式の精度を考慮した部材係数 γ_b で除して，設計断面耐力 R_d を算出する．

断面破壊の限界状態では，設計断面力 S_d と設計断面耐力 R_d の比に構造物係数 γ_i を乗じた値が 1.0 以下であることによって安全性を確認する．この値が小さいほど，断面の安全性は向上するが，一般に経済性は低下する．照査の結果，もし満足されない場合には，断面寸法や鉄筋量，鉄筋の配置などの構造詳細の見直しを行い，再度照査することになる．ここで，構造物係数 γ_i は，構造物の重要度，限界状態に達したときに社会に与える心理的影響，再建に要する費用などを考慮して定められる．

断面破壊の限界状態に対して，安全性確保のために配慮されている内容とその

表-4.9 安全係数により配慮されている内容

	配慮されている内容	取り扱う項目
断面耐力	1. 材料強度のばらつき 　(1) 材料実験データから判断できる部分 　(2) 材料実験データから判断できない部分（材料実験データの不足・偏り，品質管理の程度，供試体と構造物中の材料強度の差異，経時変化等による） 2. 限界状態に及ぼす影響の度合 3. 部材断面耐力の計算上の不確実性，部材寸法のばらつき，部材の重要度，破壊性状	特性値 f_k 材料係数 γ_m 部材係数 γ_b
断面力	1. 作用のばらつき 　(1) 作用の統計的データから判断できる部分 　(2) 作用の統計的データから判断できない部分（作用の統計的データの不足・偏り，耐用期間中の作用の変化，作用の算出方法の不確実性等による） 2. 限界状態に及ぼす影響の度合 3. 断面力等の計算時の構造解析の不確実性	特性値 F_k 作用係数 γ_f 構造解析係数 γ_a
構造物の重要度，限界状態に達したときの社会経済的影響等		構造物係数 γ_i

扱いをまとめると表-4.9のようになる．

(4) 使用性に関する照査

使用性に関しては，一般に，応力，ひび割れ，変位変形などを指標として構造物の機能や目的に応じて，外観，振動などの使用上の快適性に関する限界状態や水密性，損傷などのそれ以外の機能に関する限界状態について照査することになる．照査指標となる部材に生じる応力度，コンクリート表面の曲げひび割れ幅および変位変形（たわみ）の算定については，5.1，5.3および5.4において詳しく説明する．また，曲げひび割れ幅の照査は，10.2.1で説明する．

水密性に対する照査は，透水によって構造物の機能が損なわれないことを照査することとなる．水密性の照査は構造物全体ではなく，各部位に対して行い，原則としてその指標には透水量を用いる．なお，構造物の水密性を確保するためには，水密性の求められる部位へ防止シートを敷設することや，ひび割れ誘発目地を設けて，ひび割れ発生後に適当な防水処置を施すなどの施工上の対策も考えられる．

(5) 耐久性に関する照査

構造物が設計耐用期間にわたり所要の性能を確保するためには，環境作用による構造物中の材料の劣化や変状が設計耐用期間中に生じないようにするか，あるいは材料劣化が生じたとしても構造物の性能の低下を生じないよう軽微な範囲にとどまるように設計するのが一般的である．コンクリート標準示方書［設計編］では，コンクリート構造物の代表的な劣化である，塩害および中性化による鋼材腐食，凍害，化学的侵食によるコンクリートの劣化について照査方法が示されている．

中性化による鋼材腐食を限界状態とした場合の耐久性に関する標準的な照査の手順を図-4.6に示す．まず，コンクリートの配合より得られる材料の特性値（中性化速度係数 α_k）から照査指標となる中性化深さ（y_d）を求める．そして，その設計耐用期間中における中性化深さと環境条件から定まる鋼材腐食発生限界深さ（y_{lim}）の比に構造物係数 γ_i を乗じた値が1.0以下となることを確認する．塩害およびコンクリートの劣化を対象とした凍害，化学的侵食についても同様の考え方に基づいて照査が行われている．なお，各種の限界状態における耐久性照査の詳細については，第10章で説明する．

4.2 限界状態設計法

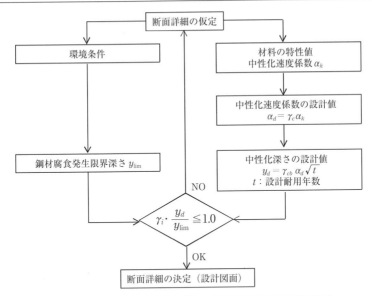

図-4.6 耐久性に関する標準的な照査の手順（中性化に伴う鋼材腐食）

　コンクリート構造物に影響を与える因子は，それらが単独で作用する場合の他，複数の因子が複合して作用するのが普通であるが，卓越する因子の影響を独立に評価することで十分な場合も多い．また，現時点では複合作用の影響を考慮した照査技術は十分には確立されていない．

文　　献

1) H. シュトラウブ著，藤本一郎訳：建設技術史，鹿島出版会，1976.
2) 尾坂芳夫：コンクリート構造の限界状態設計方法の省案，土木学会論文集，第 378 号/V-6，1987 年 2 月．
3) 岡村 甫：鉄筋コンクリート構造物の限界状態設計法について，生コンクリート，Vol.7，N0.8，pp.7-9，1988.8.
4) 土木学会：2012 年制定 コンクリート標準示方書［設計編］，2013.
5) 土木学会：2012 年制定 コンクリート標準示方書［施工編］，2013.
6) 土木学会：2012 年制定 コンクリート標準示方書［維持管理編］，2013.

第5章　曲げモーメントを受ける部材の設計

要　点

（1）　使用性に関する照査等で用いる通常の使用状態での鉄筋コンクリート断面の応力は，弾性理論（鉄筋およびコンクリートには，それぞれ$\sigma=E\varepsilon$の線形関係が成立する．σ：応力，ε：ひずみ，E：ヤング係数）を用い，「適合条件式」，「水平方向の力の釣合条件式」，「モーメントの釣合条件式」から算定する．なおこの際，「平面保持の法則」および「コンクリートの引張応力は無視」を仮定し，鉄筋のヤング係数E_sは200 kN/mm^{2}を用いる．

（2）　安全性に関する照査等で用いる鉄筋コンクリート断面の「曲げ耐力」（断面が耐えることができる最大作用曲げモーメント）は，終局強度理論を用い，（1）と同様に「適合条件式」，「水平方向の力の釣合条件式」，「モーメントの釣合条件式」から算定する．なおこの際，終局強度理論においても「平面保持の法則」および「コンクリートの引張応力は無視」を仮定し，E_sは200 kN/mm^{2}を用いる．しかしながら弾性理論とは異なり，コンクリートの破壊や鉄筋の降伏までも含めた各材料のσとεの非線形関係を用い，圧縮側コンクリート部の応力分布には「等価応力ブロック」を仮定する．

（3）　（1），（2）の算定においては，その過程において，中立軸位置の算定が必要である．

（4）　（2）の算定においては，その過程において，曲げ破壊モード（「曲げ引張破壊」と「曲げ圧縮破壊」）の特定が必要である．

（5）　「曲げひび割れ幅」は耐久性および使用性に関する照査，「たわみ」は使用性に関する照査にそれぞれ用いる．

第5章 曲げモーメントを受ける部材の設計

5.1 鉄筋コンクリート断面の応力の算定

5.1.1 一 般

　鉄筋コンクリート部材において，通常の使用時では，コンクリートの応力状態は断面破壊時の応力に比べてかなり小さく，鉄筋の応力も弾性の範囲にある．このことより，この状態におけるコンクリートや鉄筋に生じる応力の計算には，弾性理論による断面解析を行い，以下のような仮定を用いている．
① 平面保持の法則から，部材軸方向に生じるひずみは断面の中立軸（応力度が0になる断面上の軸線）からの距離に比例するものとする．
② コンクリートの引張応力は，一般に無視する．
③ コンクリートおよび鉄筋は弾性体と仮定する．なお，鉄筋のヤング係数 E_s は一般に $200\,\mathrm{kN/mm^2}$ とする．

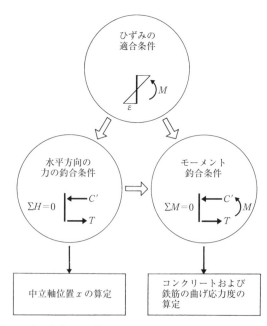

図-5.1　曲げを受ける鉄筋コンクリート断面の応力の算定方法の概念

また，応力は，図-5.1に示すように，平面保持の法則に基づく「ひずみの適合条件」と，部材内部の「水平方向の力の釣合条件」「モーメントの釣合条件」を用いて解析する．

図-5.2は，図中（a）に示すような任意断面が正の曲げモーメントを受けたときのひずみ分布と応力分布，さらに圧縮側および引張側の力の関係を示したものである．なおここでは，圧縮を受ける場合，記号に「′（ダッシュ）」を付け，引張を受ける場合と区別している．前述の仮定③より，コンクリートおよび鉄筋は，応力の大きさがヤング係数に比例するだけなので，ひずみ分布と類似な直線分布となる．図中，dは有効高さ，xは中立軸から圧縮縁までの距離を表す．

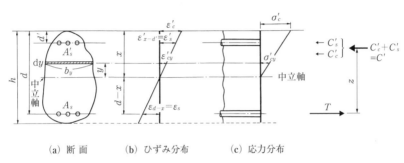

(a) 断面　　(b) ひずみ分布　　(c) 応力分布

図-5.2　正の曲げを受ける鉄筋コンクリート断面のひずみと応力分布

（1）適合条件式

図中（b）のひずみ分布より次のひずみの適合条件式が得られる．

$$\frac{\varepsilon'_c}{x}=\frac{\varepsilon'_{x-d'}}{x-d'}=\frac{\varepsilon'_{cy}}{y}=\frac{\varepsilon_{d-x}}{d-x} \tag{5.1}$$

ここで，コンクリートおよび鉄筋のヤング係数を，仮定③より，それぞれE_cおよびE_sとすると，圧縮側コンクリートの応力σ'_c，σ'_{cy}，圧縮鉄筋の応力σ'_s，および引張鉄筋の応力σ_sは，以下のようになる．

$$\left.\begin{array}{l}\sigma'_c=E_c\cdot\varepsilon'_c,\quad \sigma'_{cy}=E_c\cdot\varepsilon'_{cy}\\ \sigma'_s=E_s\cdot\varepsilon'_{x-d'},\quad \sigma_s=E_s\cdot\varepsilon_{d-x}\end{array}\right\} \tag{5.2}$$

よって式(5.1)中の各ひずみを式(5.2)を用いて消去すると，ひずみの適合条件式は，$n=E_s/E_c$として，以下のように示すことができ，以下の応力の計算では，適合条件式として式(5.3)を用いるのが便利である．

$$\left.\begin{array}{l}\sigma'_{cy}=\dfrac{\sigma'_c}{x}y\\[6pt]\sigma'_s=\dfrac{n\sigma'_c}{x}(x-d')\\[6pt]\sigma_s=\dfrac{n\sigma'_c}{x}(d-x)\end{array}\right\} \qquad (5.3)$$

(2) 水平方向の力の釣合条件式

図-5.2(c) に示すように，中立軸より y の位置における応力は σ'_{cy} で，この応力が作用している任意断面の微小面積は dA'_c である．

したがって圧縮側コンクリートの圧縮合力 C'_c は，y の位置に作用している圧縮力が $\varDelta C'_c = \sigma'_{cy} \cdot dA'_c$ であるから，これを圧縮側全体について積分すれば求められる．すなわち，

$$C'_c = \int_A \sigma'_{cy} dA'_c$$

ここで，式 (5.3) より，$\sigma'_{cy} = \dfrac{\sigma'_c}{x}y$ であるから，上式は，

$$C'_c = \dfrac{\sigma'_c}{x}\int_A y\,dA'_c \qquad (5.4)$$

また，圧縮側鉄筋の圧縮力 C'_s，および引張側鉄筋の引張力 T は，適合条件式の式 (5.3) を考慮して求めれば，それぞれ次式のようになる．

$$C'_s = A'_s\sigma'_s = nA'_s\dfrac{\sigma'_c}{x}(x-d') \qquad (5.5)$$

$$T = A_s\sigma_s = nA_s\dfrac{\sigma'_c}{x}(d-x) \qquad (5.6)$$

水平方向の力の釣合条件式は，$C'_c + C'_s = T$ であるから，以下のようになる．

$$\dfrac{\sigma'_c}{x}\int_A y\,dA'_c + nA'_s\dfrac{\sigma'_c}{x}(x-d') = nA_s\dfrac{\sigma'_c}{x}(d-x)$$

$$\int_A y\,dA'_c + nA'_s(x-d') - nA_s(d-x) = 0 \qquad (5.7)$$

上式は，断面諸元，ヤング係数比 n，および鉄筋量 A_s，A'_s がわかっていれば，中立軸位置 x だけが未知数となり，中立軸位置が求められるということがわかる．

また，式 (5.7) の各項は，中立軸に関する圧縮側コンクリート，圧縮鉄筋，引張鉄筋

のそれぞれの断面一次モーメント G'_c, G'_s, G_s を用いて次式で示される．

$$G'_c + nG'_s - nG_s = 0$$

したがって，弾性理論に基づいた場合，中立軸位置の算定は，応用力学等で学ぶ図心軸の算定と同じであることがわかる．

（3） モーメントの釣合条件式

断面に生じたコンクリートおよび鉄筋の力とその作用位置から，中立軸まわりのモーメントの釣合を考える．適合条件式の式 (5.3) より，モーメントの釣合条件式は以下のようになる．

$$\begin{aligned}M &= \int_A \sigma'_{cy} y \mathrm{d}A'_c + C'_s(x-d') + T(d-x) \\ &= \frac{\sigma'_c}{x}\int_A y^2 \mathrm{d}A'_c + nA'_s \frac{\sigma'_c}{x}(x-d')^2 + nA_s \frac{\sigma'_c}{x}(d-x)^2 \end{aligned} \tag{5.8}$$

上式は，断面諸元，n, A_s, A'_s がわかっていれば，式 (5.7) で導かれた x を用いることで，圧縮側コンクリート上縁の縁応力（extreme fiber stress）σ'_c が得られる．

$$\sigma'_c = \frac{Mx}{\int_A y^2 \mathrm{d}A'_c + nA'_s(x-d')^2 + nA_s(d-x)^2} \tag{5.9}$$

式 (5.7)，(5.9) によって x, σ'_c が求められることによって，式 (5.3) を用いて，圧縮鉄筋の応力 σ'_s, および引張鉄筋の応力 σ_s, 圧縮側断面内の任意の位置でのコンクリート応力 σ'_{cy} をそれぞれ算定できる．

また，式 (5.9) の分母の各項は，中立軸に関する圧縮側コンクリート，圧縮鉄筋,引張鉄筋のそれぞれの断面二次モーメント I'_c, I'_s, I_s を用いて，「$I'_c + nI'_s + nI_s$」と表すことができる．この和を中立軸に関する「換算断面二次モーメント（I_e）」と呼ぶ．I_e を用いて式 (5.9) は次式で示され，この式は応用力学等で学ぶ曲げ応力度の算定式と同様な式となることがわかる．

$$\sigma'_c = \frac{M}{I_e} x$$

5.1.2　単鉄筋長方形断面の場合

ここでは，図-5.3 に示す引張側のみに鉄筋が配置された長方形断面，すなわち単鉄筋長方形断面が曲げモーメント M の作用を受けた断面の場合について，5.1.1 に従い中立軸位置 x, 圧縮側コンクリートの縁応力 σ'_c, 引張鉄筋の応力 σ_s を求

めてみる.

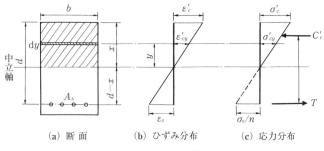

(a) 断　面　　(b) ひずみ分布　　(c) 応力分布

図-5.3　単鉄筋長方形断面

（1）　適合条件式

式 (5.3) より，ここでは引張側にのみ鉄筋が存在するので適合条件式は以下のようになる．

$$\sigma'_{cy} = \frac{\sigma'_c}{x} y \tag{5.10}$$

$$\sigma_s = \frac{n\sigma'_c}{x}(d-x) \tag{5.11}$$

（2）　水平方向の力の釣合条件式

圧縮側コンクリートの圧縮合力 C'_c は，式 (5.4) より，中立軸上方の y の位置での微小距離を dy とすれば微小面積は $dA'_c = b \cdot dy$ となるから，以下のようになる．

$$C'_c = \frac{\sigma'_c}{x}\int_A y dA'_c = \frac{\sigma'_c}{x}\int_0^x y b dy = \frac{\sigma'_c}{x} b \int_0^x y dy$$

$$= \frac{\sigma'_c}{x} b \left[\frac{y^2}{2}\right]_0^x = \frac{bx}{2}\sigma'_c \tag{5.12}$$

また，引張側鉄筋の引張力 T は，適合条件式の式 (5.11) を用いて，

$$T = A_s \sigma_s = A_s \frac{n\sigma'_c}{x}(d-x) \tag{5.13}$$

よって，水平方向の力の釣合条件式は，$C'_c = T$ であるから，

$$\frac{bx}{2}\sigma'_c = nA_s \frac{\sigma'_c}{x}(d-x)$$

この釣合条件式が解ければ，中立軸位置 x が求められる．すなわち，

$$bx^2 + 2nA_s x - 2nA_s d = 0$$

$$x = \frac{-nA_s + \sqrt{(nA_s)^2 + 2nA_s bd}}{b} \tag{5.14}$$

（3） モーメントの釣合条件式

断面に作用している曲げモーメントを M とすれば，式 (5.8)，(5.10) より，中立軸に関するモーメントの釣合条件式は以下のようになる．

$$M = \int_A \sigma'_{cy} y \mathrm{d}A'_c + T(d-x) = \frac{\sigma'_c}{x} \int_0^x y^2 b \mathrm{d}y + T(d-x)$$

ここで，水平方向の力の釣合条件式より $C'_c = T$ であるから，鉄筋の引張力 T の代わりに式 (5.12) を上式に代入すれば，モーメントの釣合条件式は，以下のようになる．

$$M = \frac{\sigma'_c}{x} b \int_0^x y^2 \mathrm{d}y + C'_c(d-x)$$

$$= \frac{bx^2}{3}\sigma'_c + \frac{bx}{2}\sigma'_c(d-x) = \frac{bx}{2}\sigma'_c\left(d - \frac{x}{3}\right) \tag{5.15}$$

よって，単鉄筋長方形断面の σ'_c は次のようになり，さらに σ_s は式 (5.11) で求まる．

$$\sigma'_c = \frac{2M}{bx\left(d - \frac{x}{3}\right)} \tag{5.16}$$

なお，σ_s は $C'_c = T$ の関係を用いて，次式で求めることもできる．

$$\frac{bx}{2}\sigma'_c = A_s \sigma_s$$

$$\sigma_s = \frac{bx}{2A_s}\sigma'_c \tag{5.17}$$

また，コンクリートあるいは鉄筋の応力 σ'_c および σ_s は，図-5.3(c) に示した三角形の応力分布に着目し，以下のようにして求めることもできる．

（別解：三角形の応力分布に着目する方法）

式 (5.12) で示されていたコンクリートの圧縮合力 C'_c は，応力の三角形が断面の幅にわたって分布していることから，直接次式のようになる．

$$C'_c = \frac{\sigma'_c x}{2} b \tag{5.18}$$

さらに，三角形の応力分布の合力である C'_c の作用点は，上縁より $x/3$ の位置にあるから，モーメントの釣合条件式は次のようになる．

$$M = C'_c \frac{2}{3} x + T(d-x)$$

これより水平方向の力の釣合条件式 $C'_c = T$ を用いて上式を書き改めることで，式 (5.15) と同じ式が導かれる．

$$M = C'_c \left[\frac{2}{3}x + (d-x) \right] = C'_c \left(d - \frac{x}{3} \right) = \frac{bx}{2} \sigma'_c \left(d - \frac{x}{3} \right)$$

【例題 5.1】

例題図-5.1.1 に示す $d = 800$ mm, $b = 400$ mm, $A_s = $ 8D16 の単鉄筋長方形断面が，外力による曲げモーメント $M = 147$ kN·m を受ける場合の圧縮縁コンクリートおよび引張鉄筋に生じる応力度 σ'_c, σ_s を求めよ．ただし，コンクリートのヤング係数 E_c は 25 kN/mm² とする．

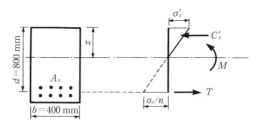

例題図-5.1.1

【解】

鉄筋のヤング係数 E_s は 200 kN/mm² であるから，

$$n = \frac{E_s}{E_c} = \frac{200}{25} = 8$$

また，鉄筋量 A_s は，$A_s = 8 \times 198.6 = 1\,589\,\mathrm{mm}^2$，単鉄筋長方形断面における中立軸位置 x は，式 (5.14) より

$$x = \frac{-nA_s + \sqrt{(nA_s)^2 + 2nA_s bd}}{b}$$

$$= \frac{-8 \times 1\,589 + \sqrt{(8 \times 1\,589)^2 + 2 \times 8 \times 1\,589 \times 400 \times 800}}{400} = 196\,\mathrm{mm}$$

圧縮縁コンクリートの応力度 σ'_c は，式 (5.16) より

$$\sigma'_c = \frac{2M}{bx\left(d - \dfrac{x}{3}\right)} = \frac{2 \times 147\,000\,000}{400 \times 196 \times \left(800 - \dfrac{196}{3}\right)} = 5.10\,\mathrm{N/mm}^2$$

鉄筋の応力度 σ_s は，式 (5.11) より

$$\sigma_s = \frac{n\sigma'_c}{x}(d - x) = \frac{8 \times 5.10(800 - 196)}{196} = 125.7\,\mathrm{N/mm}^2$$

5.1.3 単鉄筋 T 形断面の場合

以下の**例題** 5.2 を用いて，単鉄筋 T 形断面における中立軸位置 x，圧縮縁コンクリートの応力度 σ'_c，引張鉄筋の応力度 σ_s の算定方法を示す．

【例題 5.2】

例題図-5.2.1 に示される単鉄筋 T 形断面が，外力モーメント $M = 220\,\mathrm{kN \cdot m}$ を受けるとき，応力度 σ'_c，σ_s をそれぞれ求めよ．ただし，$A_s = 6\mathrm{D}25 = 30.4\,\mathrm{cm}^2$，$n = E_s/E_c = 8$ とする．

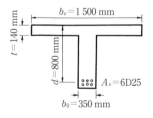

例題図-5.2.1

【解】

T 形断面の場合，長方形断面と比べて注意が必要な点は，"中立軸の位置"についてである．中立軸の位置 x は，以下の計算によって導かれるが，結果として，

その位置がフランジ内にある場合 ($x \leq t$) とウェブ内にある場合 ($x > t$) で，C_c' の計算式が異なる．フランジ内にある場合は，計算式に関与しない引張側のコンクリート部分の断面形状がT形のままである一方，圧縮側のコンクリート部分の断面形状は長方形となるため，結果として σ_c', σ_s の算定方法は，5.1.2 に示した長方形断面の場合と同一となる．一方，中立軸がウェブ内にある場合は，圧縮側のコンクリート部分の断面形状がT形となるため，C_c' の算定式が長方形断面の場合と異なる．

そこで，T形断面の応力の算定においては，まず，中立軸の位置 x の計算が重要となり，σ_c', σ_s の算定手順には，次の2つの方法がある．

(方法1)

「フランジ内に中立軸が存在する ($x \leq t$)」と仮定した上で，長方形断面の場合と同様に式 (5.14) を用いて x を算定する．その結果，仮定通り $x \leq t$ である時は，その x は中立軸の正しい位置を示しており，引き続き，長方形断面の場合と同じ式を用いて σ_c', σ_s を算定する．逆に，$x > t$ となった場合は，「フランジ内に中立軸が存在する」とした仮定が誤りだったことを意味し，あらためて**例題図-5.2.2** に示すようにウェブ内に中立軸を仮定し，以下で示す算定方法で正しい x を導くとともに，それを用いて σ_c', σ_s を算定する．

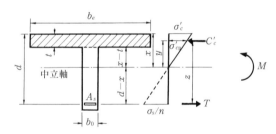

例題図-5.2.2

(方法2)

方法1とは逆に，まず，「ウェブ内に中立軸が存在する ($x > t$)」と仮定し，以下で示す方法を用いて x を算定する．その結果，仮定通り $x > t$ である時は，その x は中立軸の正しい位置を示しており，引き続き，以下で示すT形断面の場合の σ_c', σ_s の算定式を用いてそれぞれを導く．一方，$x \leq t$ となった場合は，「ウェ

ブ内に中立軸が存在する」とした仮定が誤りだったことを意味し，あらためてフランジ内に中立軸を仮定し，長方形断面の場合と同じ式を用いて正しい x を導くとともに，それを用いて σ'_c, σ_s を算定する．

ここで，本例題では，(方法2) に従い，まず**例題図-5.2.2** に示すように中立軸をウェブ内に仮定し算定を行うものとする．

一般に中立軸がウェブ内にあるときは，**例題図-5.2.2** にみられるように，斜線部のフランジ部のみのコンクリート応力を考慮（圧縮側ウェブ内の応力は無視できるものと考える）して合力 C'_c を式 (5.4) より求める．

① 水平方向の力の釣合条件式による，中立軸位置 x の算定

$$C'_c = \frac{\sigma'_c}{x}\int_A y\,dA'_c = \frac{\sigma'_c}{x}\int_{x-t}^{x} yb_e\,dy = \frac{\sigma'_c}{x}\frac{b_e t}{2}(2x-t)$$

$$T = \sigma_s A_s$$

$C'_c = T$, 式 (5.6) より

$$\frac{\sigma'_c}{x}\frac{b_e t}{2}(2x-t) = nA_s\frac{\sigma'_c}{x}(d-x)$$

$$\frac{b_e t}{2}(2x-t) - nA_s(d-x) = 0$$

$$x = \frac{(b_e/2)t^2 + nA_s d}{b_e t + nA_s} \tag{5.19}$$

式 (5.19) が，ウェブ内に中立軸がある場合の単鉄筋 T 形断面における中立軸の位置 x の算定式となる．

ここで本例題における各数値を代入すると $x = 146\,\mathrm{mm}$ となり，仮定とした $x > t$ を満足している．したがって，$x = 146\,\mathrm{mm}$ は正しく，この値をそのまま用いて，以下に示す方法で σ'_c, σ_s を算定する．

② モーメントの釣合条件による，応力度 σ'_c, σ_s の算定

式 (5.8) より

$$M = \frac{\sigma'_c}{x}\int_A y^2\,dA'_c + nA_s\frac{\sigma'_c}{x}(d-x)^2$$

$$= \frac{\sigma'_c}{x}\left[\int_{x-t}^{x} y^2 b_e\,dy + nA_s(d-x)^2\right]$$

よって

$$\sigma'_c = \frac{M \cdot x}{b_e\{x^3-(x-t)^3\}/3 + nA_s(d-x)^2} \tag{5.20}$$

式 (5.20) が，ウェブ内に中立軸がある場合の単鉄筋 T 形断面における σ'_c の算定式となる．

本例題において，各数値を代入すると，$\sigma'_c = 2.7$ N/mm² となる．また，式 (5.11) の適合条件式より，$\sigma_s = 96.3$ N/mm² が算定される．

5.1.4 複鉄筋長方形断面の場合

以下の**例題 5.3** を用いて，複鉄筋長方形断面における中立軸位置 x，圧縮縁コンクリートの応力度 σ'_c，圧縮鉄筋の応力度 σ'_s，引張鉄筋の応力度 σ_s の算定方法を示す．

【例題 5.3】

例題図-5.3.1 に示される複鉄筋長方形断面が，外力モーメント $M = 81$ kN·m を受けるとき，応力度 σ'_c，σ'_s，σ_s をそれぞれ求めよ．ただし，圧縮鉄筋量 $A'_s = 2D25 = 2 \times 506.5 = 1\,013$ mm²，引張鉄筋量 $A_s = 4D25 = 4 \times 506.5 = 2\,026$ mm²，$n = E_s/E_c = 7.1$ とする．

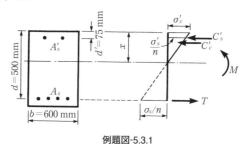

例題図-5.3.1

【解】

① 適合条件式

式 (5.3) より

$$\sigma'_s = \frac{n\sigma'_c}{x}(x - d')$$

$$\sigma_s = \frac{n\sigma'_c}{x}(d-x)$$

② 水平方向の力の釣合条件式より中立軸位置 x の算定

複鉄筋長方形断面においても，単鉄筋長方形断面と同様に，中立軸より上側の圧縮側コンクリートの応力分布は三角形分布となるため，圧縮側コンクリートの圧縮合力 C'_c，圧縮鉄筋の圧縮力 C'_s，および引張鉄筋の引張力 T は，それぞれの適合条件式も用いて以下のようになる．

$$C'_c = \frac{bx}{2}\sigma'_c$$

$$C'_s = A'_s\sigma'_s = nA'_s\frac{\sigma'_c}{x}(x-d')$$

$$T = A_s\sigma_s = nA_s\frac{\sigma'_c}{x}(d-x)$$

水平方向の力の釣合条件式より，$C'_c + C'_s = T$ であるから，

$$\frac{bx}{2}\sigma'_c + nA'_s\frac{\sigma'_c}{x}(x-d') = nA_s\frac{\sigma'_c}{x}(d-x)$$

$$bx^2 + 2n(A'_s + A_s)x - 2n(A'_s d' + A_s d) = 0$$

この二次方程式を解いて，

$$x = \frac{-n(A'_s + A_s) + \sqrt{\{n(A'_s + A_s)\}^2 + 2bn(A'_s d' + A_s d)}}{b} \tag{5.21}$$

式 (5.21) が複鉄筋長方形断面における中立軸の位置 x の算定式となる．

ここで，$n = 7.1$，$b = 600$ mm，$d = 500$ mm，$d' = 75$ mm，$A'_s = 1\,013$ mm^2，$A_s = 2\,026$ mm^2 を代入すると，$x = 129$ mm となる．

③ モーメントの釣合条件式による圧縮縁コンクリートの応力度 σ'_c の算定

ここでも圧縮側コンクリートの応力分布が三角形となることを利用し，中立軸まわりのモーメントの釣合条件より，

$$M = C'_c \cdot \frac{2}{3}x + C'_s(x - d') + T(d - x)$$

ここで，水平方向の力の釣合条件より $C'_c + C'_s = T$ であるから上式は，

第5章　曲げモーメントを受ける部材の設計

$$M = C'_c \cdot \frac{2}{3}x + C'_s(x-d') + (C'_c + C'_s)(d-x)$$

$$= C'_c\left(d - \frac{x}{3}\right) + C'_s(d-d')$$

上式に $C'_c = bx\sigma'_c/2$, $C'_s = A'_s\sigma'_s = nA'_s\sigma'_c(x-d')/x$ を代入して書き改めれば,

$$M = \frac{\sigma'_c}{2x}\left[bx^2\left(d - \frac{x}{3}\right) + 2nA'_s(x-d')(d-d')\right] \tag{5.22}$$

式 (5.22) より, 圧縮縁コンクリートの応力度 σ'_c は, 次式のようになる.

$$\sigma'_c = \frac{2Mx}{\left[bx^2\left(d - \frac{x}{3}\right) + 2nA'_s(x-d')(d-d')\right]} \tag{5.23}$$

式 (5.23) が, 複鉄筋長方形断面における σ'_c の算定式となり, 本例題の各値を代入すると, $\sigma'_c = 4.3$ N/mm² が算定される.

④　適合条件式による圧縮鉄筋および引張鉄筋の応力度 σ'_s, σ_s の算定

①に示した適合条件式より,

$$\sigma'_s = \frac{n\sigma'_c}{x}(x-d') = \frac{7.1 \times 4.3}{129}(129-75) = 12.8 \text{ N/mm}^2$$

$$\sigma_s = \frac{n\sigma'_c}{x}(d-x) = \frac{7.1 \times 4.3}{129}(500-129) = 87.8 \text{ N/mm}^2$$

5.2　鉄筋コンクリート断面の曲げ耐力の算定

5.2.1　一　般

　曲げモーメントを受ける鉄筋コンクリート断面の終局状態では, コンクリートが圧壊を生じたり, 鉄筋が降伏したりするので, これら材料が破壊に至るまでの特性（非線形性）を考慮した解析を行って曲げ耐力を求め, 安全性の照査を行う必要がある.

　これら材料の非線形性を考慮した解析法は, 終局強度理論（ultimate strength theories）と呼ばれる方法である. しかしながら, 終局強度理論といっても特別な方法ではなく, 静力学的な基本概念に基づいているので, 5.1 で述べたと同様,

5.2 鉄筋コンクリート断面の曲げ耐力の算定

以下の条件や関係の上に成り立っている．

① ひずみの適合条件式
② 応力とひずみの関係（材料の力学的特性）
③ 力の釣合条件（$\Sigma H=0$，$\Sigma M=0$）

すなわち，5.1で述べた使用性の照査時に用いる程度の大きさの曲げモーメントに対しては，弾性理論に基づき，応力とひずみの関係が線形であるとしてヤング係数を用いている．これに対して終局強度理論では，応力とひずみの関係にコンクリートの破壊や，鉄筋の降伏後の領域までも含めた非線形の材料特性を用いることとなる．

ここで，曲げモーメントの作用を受ける断面の終局耐力（曲げ耐力）を求めるための仮定および材料特性は以下のようになるが，このうち①，②については，5.1.1と同様である．

① 平面保持の法則から，部材軸方向に生じるひずみは断面の中立軸（応力度が0になる断面上の軸線）からの距離に比例するものとする．
② コンクリートの引張応力は，一般に無視する．
③ コンクリートの圧縮応力とひずみの関係は，図-5.4(a)に示すように，何らかの非線形な関係式 $\sigma'_{cy}=f_{(\varepsilon'_c)}$ で表すことができる．また鉄筋の応力とひずみの関係は，図-5.4(b)において，降伏までが完全弾性（一般に，$E_s=200\,\mathrm{kN/mm^2}$），降伏後が完全塑性の2直線で表すものとする．

鉄筋コンクリート断面が曲げモーメントによって破壊する，いわゆる「曲げ破

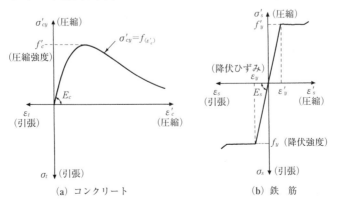

図-5.4　コンクリートと鉄筋の一般的な応力-ひずみ関係（概念図）

壊」(flexural failure) には,「曲げ引張破壊」と「曲げ圧縮破壊」の2種類があるが,通常,曲げ引張破壊になるように設計している.

よって,鉄筋コンクリート断面の曲げ耐力の算定では,曲げ耐力の算定の前に当該断面が曲げ破壊時に,曲げ引張破壊と曲げ圧縮破壊のどちらの破壊モードとなるのかを判定する必要があり,さらに,該当する破壊モードに対応した曲げ耐力算定方法を用いる必要がある.

ここではまず,図-5.5 に示す鉄筋コンクリート断面を用いて曲げ耐力算定の基本理論を述べ,その中で,破壊モードの判定方法についても説明する.

図-5.5(b),(c) は,図中 (a) に示すような断面の終局状態におけるひずみ分布と応力分布,さらに圧縮側と引張側の力の関係を示したものである.これより,静力学的な基本原則(適合条件,応力とひずみの関係,力の釣合条件)に従って,曲げ耐力は以下の方法で算定される.

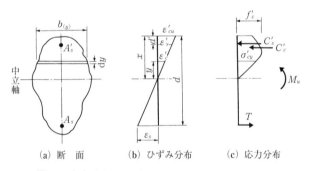

図-5.5 任意断面の曲げ破壊時におけるひずみと応力分布

(1) 適合条件式

曲げ引張破壊,曲げ圧縮破壊ともに,図-5.5(b) に示すように,部材上縁のコンクリートは終局ひずみ ε'_{cu} に達し,引張鉄筋はひずみ ε_s を生じている.図中(b)に示すように,ひずみ分布が直線関係にあるので,ひずみの適合条件式として次式が導かれる.

$$\frac{\varepsilon'_{cu}}{x} = \frac{\varepsilon'_s}{x - d'} = \frac{\varepsilon'_c}{y} = \frac{\varepsilon_s}{d - x}$$

$$y = \frac{x}{\varepsilon'_{cu}} \varepsilon'_c, \quad \therefore \, dy = \frac{x}{\varepsilon'_{cu}} d\varepsilon'_c \tag{5.24}$$

5.2 鉄筋コンクリート断面の曲げ耐力の算定

（2） 水平方向の力の釣合条件式

釣合条件式を誘導する前に，コンクリートと鉄筋の応力とひずみの関係を，それぞれ仮定する必要がある．これらの関係は，図-5.4に示したように次式のようになる．なお，鉄筋については，曲げ破壊モードによって，降伏している場合としていない場合があるので，曲げ耐力の算定時には注意が必要である．引張鉄筋が降伏している場合が「曲げ引張破壊」，降伏していない場合が「曲げ圧縮破壊」となる．

$$\text{コンクリート}: \sigma'_{cy} = f_{(\varepsilon'_c)} \qquad \varepsilon'_c = \frac{\varepsilon'_{cu}}{x} y \tag{5.25}$$

鉄筋：（圧縮側）降伏していない場合 　　$\sigma'_s = E_s \varepsilon'_s$ 　　(5.26)

　　　　　　　降伏している場合　　　　$\sigma'_s = f_y, \ \varepsilon'_s \geq \varepsilon_y$ 　(5.27)

　　　（引張側）降伏していない（曲げ圧縮破壊の）場合

$$\sigma_s = E_s \varepsilon_s \tag{5.28}$$

　　　　　　　降伏している（曲げ引張破壊の）場合

$$\sigma_s = f_y, \ \varepsilon_s \geq \varepsilon_y \tag{5.29}$$

ここで，$\varepsilon_y = f_y / E_s$

図-5.5(c) に示すように，中立軸より任意の位置 y におけるコンクリートの応力 σ'_{cy} を用いて，圧縮側コンクリートの圧縮合力 C'_c は次式で導かれる．

$$C'_c = \int_{A'_c} \sigma'_{cy} dA'_c = \int_0^x \sigma'_{cy} b_{(y)} dy$$

上式に，式 (5.25)，適合条件式の式 (5.24) を代入すれば，以下のように書き改められる．

$$C'_c = \frac{x}{\varepsilon'_{cu}} \int_0^{\varepsilon'_{cu}} b_{(y)} f_{(\varepsilon'_c)} d\varepsilon'_c \tag{5.30}$$

また，圧縮鉄筋の圧縮力 C'_s，および引張鉄筋の引張力 T は，それぞれの降伏の有無に応じて次式のようになる．

$$C'_s = A'_s \sigma'_s = \begin{cases} A'_s E_s \varepsilon'_s & \text{降伏していない時} \quad (5.31) \\ A'_s f_y & \text{降伏している時} \quad\quad (5.32) \end{cases}$$

$$T = A_s \sigma_s = \begin{cases} A_s E_s \varepsilon_s & \text{降伏していない時} \quad (5.33) \\ A_s f_y & \text{降伏している時} \quad\quad (5.34) \end{cases}$$

水平方向の力の釣合条件より，$C'_c + C'_s = T$ であるから，例えば，圧縮鉄筋，

引張鉄筋とも曲げ破壊時に降伏している場合の水平方向の力の釣合条件式は，次式となる．

$$\frac{x}{\varepsilon'_{cu}}\int_0^{\varepsilon'_{cu}} b_{(y)} f_{(\varepsilon'_c)} d\varepsilon'_c + A'_s f_y - A_s f_y = 0$$

鉄筋の他の状態の組合せの場合でも，それぞれの状態に対して水平方向の力の釣合条件式が得られ，これら水平方向の力の釣合条件式と式(5.24)の適合条件式より，曲げ耐力の算定に必要となる中立軸位置 x を求めることができる．

（3）モーメントの釣合条件式

モーメントの釣合条件より，断面の曲げ破壊時のモーメント（曲げ耐力）M_u が得られる．

$$M_u = \int_A \sigma'_{cy} y dA'_c + C'_s(x-d') + T(d-x) \tag{5.35}$$

5.2.2 曲げ破壊モードの判定

曲げ耐力の算定において行われる曲げ破壊モードの判定には，図-5.6 の曲げ耐力算定のフローチャート中に示す二つの方法（Case-1 と Case-2）があり，どちらかの方法を用いて判定する．以下に，それぞれの手順を示す．

① Case-1 の判定方法

曲げ耐力の算定に用いる適合条件式と水平方向の力の釣合条件式において，本来与えられている引張鉄筋量 A_s を未知量と仮定し，図-5.5 において $\varepsilon_s = \varepsilon_y$（すなわち，曲げ破壊時に，コンクリートの圧壊と引張鉄筋の降伏とが同時に発生する場合を想定）の条件で未知量 A_s を算定する．この A_s の値を釣合鉄筋量 A_{sb}（balanced reinforcement），この状態の断面のことを釣合断面と呼ぶ．

そして，本来与えられていた A_s と A_{sb} の大小関係を比較することで，以下のように判定される．

$A_s \leq A_{sb}$ のとき，曲げ引張破壊と判定

$A_s > A_{sb}$ のとき，曲げ圧縮破壊と判定

② Case-2 の判定方法

曲げ耐力の算定において，曲げ引張破壊を仮定し，引張鉄筋のひずみ ε_s を算定する．

そして，算定された ε_s と ε_y を比較することで，以下のように判定される．

5.2 鉄筋コンクリート断面の曲げ耐力の算定

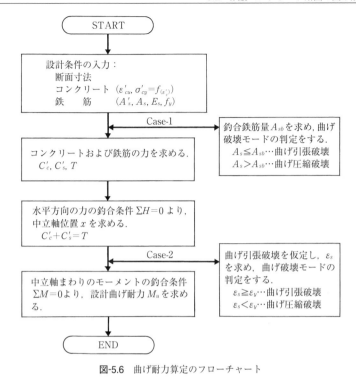

図-5.6 曲げ耐力算定のフローチャート

$\varepsilon_s \geqq \varepsilon_y$ のとき，仮定が正しいことから，曲げ引張破壊と判定

$\varepsilon_s < \varepsilon_y$ のとき，仮定が誤りであることから，曲げ圧縮破壊と判定

5.2.3 等価応力ブロック

図-5.5 および式 (5.30) に示されるように，圧縮側コンクリートの応力計算は複雑となる．曲げ耐力の算定に用いるコンクリートの応力-ひずみ関係については，過去に数多くの研究が行われ，Whitney[1] による矩形の応力分布を修正した等価長方形応力分布（equivalent rectangular stress distribution）による方法[2],[3] へと発展した．

等価長方形応力分布は，図-5.7 に示すように非線形応力分布の図心位置 (k_2x) を一致させ，非線形応力分布の面積と等しい長方形応力分布としたもので，「等価応力ブロック」とも呼ばれる．長方形の応力分布とすることによって，コンク

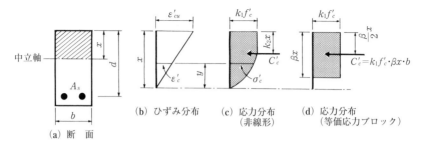

図-5.7 曲げ耐力算定のための圧縮側コンクリートのひずみと応力の分布

リートの圧縮合力 C'_c や，合力の作用位置は，**図-5.7** に示されるように圧縮側コンクリート断面が長方形の場合,積分しなくても求めることができる．このため，圧縮側コンクリートの応力計算は簡単になり，かつ実用的には十分な精度を有するため，各国で広く使用されている．

なお，2012 年制定 コンクリート標準示方書［設計編］では，f'_c を f'_{cd} として扱い，k_1，ε'_{cu}，β は，$f'_{ck} \leq 80\,\mathrm{N/mm^2}$ のコンクリートに対して，以下を仮定して良いとされている．

$$k_1 = 1 - 0.003 f'_{ck} \leq 0.85$$

$$\varepsilon'_{cu} = \frac{155 - f'_{ck}}{30\,000} \leq 0.0035$$

$$\beta = 0.52 + 80\,\varepsilon'_{cu}$$

よって，一般のコンクリート（$f'_{ck} \leq 50\,\mathrm{N/mm^2}$）においては，$k_1=0.85$，$\varepsilon'_{cu}=0.0035$，$\beta=0.8$ が用いられ，C'_c は以下で示される．

$$C'_c = k_1 f'_{cd} \beta x b = 0.85 \times 0.8 f'_{cd} x b = 0.68 f'_{cd} x b \tag{5.36}$$

5.2.4 単鉄筋長方形断面の場合

ここでは，単鉄筋長方形断面の設計曲げ耐力 M_{ud} の算定について，以下の**例題 5.4** を用いて，**図-5.6** のフローチャートに従って説明する．なお，設計曲げ耐力とは，実務上の設計計算において算定される曲げ耐力であり，部材耐力の計算上の不確実性，部材寸法のばらつきの影響，部材の重要度などに応じ，対象とする部材が耐力的な限界に達したときに構造物全体に与える影響などを考慮して定める部材係数 γ_b を用いて次式で示される．

5.2 鉄筋コンクリート断面の曲げ耐力の算定

$$M_{ud} = \frac{M_u}{\gamma_b} \tag{5.37}$$

また，M_u の算定においても，以下の例題では実務上の設計計算を念頭に，各材料強度の特性値と材料係数を用いて，f'_c として $f'_{cd} = f'_{ck}/\gamma_c$ を，f_y として $f_{yd} = f_{yk}/\gamma_s$ をそれぞれ用いるものとする．さらに，C'_c の算定には，式 (5.36) で示された等価応力ブロックを使用するものとする．

【例題 5.4】

例題図-5.4.1 のような単鉄筋長方形断面の設計曲げ耐力 M_{ud} を求めよ．ただし，材料の力学的性質および安全係数等は以下のとおりである．

コンクリートの設計基準強度：$f'_{ck} = 30 \text{ N/mm}^2$

鉄筋の降伏強度の特性値：$f_{yk} = 295 \text{ N/mm}^2$

$\gamma_c = 1.3$，$\gamma_s = 1.0$，$\gamma_b = 1.15$

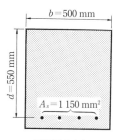

例題図-5.4.1

【解】

まず，釣合鉄筋量 A_{sb} の計算を行って破壊モードの判定（Case-1 の判定方法）を行う．

ここで f'_c，f_y としてそれぞれ用いるコンクリートおよび鉄筋の設計強度 f'_{cd}，f_{yd} は以下で求まる．

$$f'_{cd} = f'_{ck}/\gamma_c = 30/1.3 = 23.08 \text{ N/mm}^2$$

$$f_{yd} = f_{yk}/\gamma_s = 295/1.0 = 295 \text{ N/mm}^2$$

（1） 釣合鉄筋量 A_{sb} の計算と破壊モードの判定

釣合鉄筋量 A_{sb} が配置された断面のひずみ分布，および応力分布は**例題図-5.4.2** に示され，$\varepsilon'_{cu} = 0.0035$，$\varepsilon_s = \varepsilon_y = f_{yd}/E_s = 295/200\,000 = 0.001475$，$d = 550 \text{ mm}$ であ

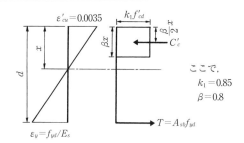

例題図-5.4.2

るので，式 (5.24) のひずみの適合条件より釣合断面における中立軸が計算できる．すなわち，

$$\frac{\varepsilon'_{cu}}{x} = \frac{\varepsilon_s}{d-x}$$

よって

$$x = \frac{\varepsilon'_{cu}}{\varepsilon'_{cu} + \varepsilon_y} d \tag{5.38}$$

式 (5.38) は単鉄筋長方形断面の釣合断面における中立軸位置 x の算定式となる．

本例題では，

$$x = \frac{0.0035 \times 550}{0.0035 + 0.001475} = 387 \text{ mm}$$

コンクリートの圧縮合力 C'_c は，

$$C'_c = 0.68 f'_{cd} x b$$

一方，鉄筋の引張力 T は，釣合鉄筋量 A_{sb} より

$$T = A_{sb} f_{yd}$$

であるから，$C'_c = T$ より釣合鉄筋量 A_{sb} の算定式が得られる．

$$0.68 f'_{cd} b x = A_{sb} f_{yd}$$

$$A_{sb} = \frac{0.68 f'_{cd} b x}{f_{yd}}$$

よって，例題においては $A_{sb} = 10\,294 \text{ mm}^2$ となり，

$$A_s = 1\,150 < A_{sb} = 10\,294 \text{ mm}^2$$

となるから，例題の断面は「曲げ引張破壊する断面」と判定される．

なお，A_s/bd を鉄筋比 p，A_{sb}/bd を釣合鉄筋比 p_b と呼び，両者の値の比較を判定に用いることも可能である．

（2） 設計曲げ耐力 M_{ud} の計算

$$C'_c = 0.68 f'_{cd} bx$$

曲げ引張破壊であるので鉄筋の引張力 T は，

$$T = A_s f_{yd}$$

水平方向の力の釣合条件より，$C'_c = T$ であるから，

$$0.68 f'_{cd} bx = A_s f_{yd}$$

$$\therefore \quad x = \frac{A_s f_{yd}}{0.68 f'_{cd} b} = \frac{1\,150 \times 295}{0.68 \times 23.08 \times 500} = 43.2 \text{ mm}$$

これより，曲げ耐力 M_u は，モーメントの釣合条件式より次式となる．

$$M_u = T\left(d - \frac{\beta}{2}x\right) = A_s f_{yd}(d - 0.4x)$$

M_{ud} は，M_u を部材係数 γ_b で除す式（5.37）で求められる．

よって，本例題では M_{ud} は以下の値となる．

$$M_{ud} = \frac{1\,150 \times 295 \times (550 - 0.4 \times 43.2)}{1.15}$$

$$= \frac{339\,250 \times 532.7}{1.15} = 157.1 \times 10^6 \text{ N·mm}$$

$$= 157.1 \text{ kN·m}$$

5.2.5 単鉄筋 T 形断面の場合

ここでは，単鉄筋 T 形断面の設計曲げ耐力 M_{ud} の算定について，以下の**例題 5.5**を用いて説明する．なお T 形断面の場合は，曲げ破壊モードの判定においても，釣合断面における中立軸位置の算定の際に，5.1.3 同様に，中立軸がフランジ内かウェブ内に位置するかで，圧縮側コンクリートの断面形状が異なることに起因し，使用する式も異なるので注意が必要となる．また，中立軸の位置によって，曲げ耐力の算定式も異なる．

第5章 曲げモーメントを受ける部材の設計

【例題 5.5】

例題図-5.5.1 のような単鉄筋 T 形断面の設計曲げ耐力 M_{ud} を求めよ．ただし，材料の力学的性質，安全係数は以下のとおりである．

$f'_{cd} = f'_{ck}/\gamma_c = 24/1.3 = 18.46 \text{ N/mm}^2$

$f_{yd} = f_{yk}/\gamma_s = 295/1.0 = 295 \text{ N/mm}^2$, $A_s = 6D32 = 6 \times 794.2 = 4\,765.2 \text{ mm}^2$,

$\gamma_b = 1.15$

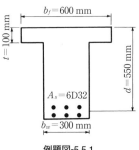

例題図-5.5.1

【解】

（1） 破壊モードの判定（Case-1 の判定方法を利用）

まず，中立軸がフランジ内にあると仮定（$x \leq t$）し，釣合断面における中立軸の位置 x を，長方形断面と同様に式（5.38）より求める．

$$x = \frac{\varepsilon'_{cu}d}{\varepsilon'_{cu}+\varepsilon_y} = \frac{\varepsilon'_{cu}d}{\varepsilon'_{cu}+\frac{f_{yd}}{E_s}} = \frac{0.0035 \times 550}{0.0035 + \frac{295}{200\,000}} = 387 \text{ mm}$$

$x > t$ より，釣合断面における中立軸の位置は，フランジ内にあるとした仮定が誤りであり，実際はウェブ内にあることがわかる．

次に，ウェブ内に釣合断面における中立軸があると仮定（既に正しいことは判明済み）し，釣合鉄筋量 A_{sb} を算定する．なお，中立軸の位置 x は，中立軸の位置の仮定にかかわらず，単鉄筋断面における適合条件式は式（5.38）と同一となるため，先に求めた $x = 387$ mm となる．

例題図-5.5.2 内の A_s を A_{sb} として考えると，図に示すように，中立軸がウェブ内にある場合（かつ，$\beta x > t$ の場合）のコンクリート圧縮合力 C'_c は次式となる．なお，$\beta x \leq t$ となる場合は，以下の計算手順においては，**5.2.4** における単鉄筋

長方形断面と同じとなる.

$$C'_c = 0.85 f'_{cd} \{b_f t + b_w (\beta x - t)\} = 0.85 f'_{cd} \{b_w \beta x + (b_f - b_w) t\} \tag{5.39}$$

一方,鉄筋の引張力 T は,釣合断面において次式となる.

$$T = A_{sb} f_{yd}$$

水平方向の力の釣合条件より, $C'_c = T$ であるから,

$$0.85 f'_{cd} \{b_w \beta x + (b_f - b_w) t\} = A_{sb} f_{yd}$$

$$A_{sb} = \frac{0.85 f'_{cd} \{b_w \beta x + (b_f - b_w) t\}}{f_{yd}} \tag{5.40}$$

式 (5.40) は,単鉄筋 T 形断面における,釣合断面での中立軸がウェブ内にある場合(ただし,$\beta x > t$)の釣合鉄筋量の算定式となる.

本例題においては

$$A_{sb} = \frac{0.85 \times 18.46 \times \{300 \times 0.8 \times 387 + (600 - 300) \times 100\}}{295}$$

$$= 6\,536 \text{ mm}^2$$

よって,$A_s < A_{sb}$ より,例題の断面は「曲げ引張破壊する断面」と判定される.

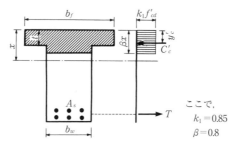

例題図-5.5.2

(2) 中立軸の位置 x の算定

まず,ここでは,**例題図-5.5.2** に示すように中立軸がウェブ内にあると仮定 ($x > t$) し,中立軸の位置 x を水平方向の釣合条件式より算定する(ただし,$\beta x > t$ を仮定).C'_c は式 (5.39) と同じであり,また,曲げ引張破壊する断面においては引張鉄筋も曲げ破壊時に降伏していることから以下の式となる.

$C'_c = T$ より

$$0.85 f'_{cd} \{b_w \beta x + (b_f - b_w) t\} = A_s f_{yd}$$

第 5 章　曲げモーメントを受ける部材の設計

$$x = \frac{A_s f_{yd}}{0.85 f'_{cd} b_w \beta} - \frac{(b_f - b_w)t}{b_w \beta}$$

　この式は，単鉄筋 T 形断面における，中立軸がウェブ内にある場合（ただし，$\beta x > t$）の中立軸の位置 x の算定式となる．

　本例題においては $x = 248$ mm となり，$x > t$, $\beta x > t$ より，ウェブ内に中立軸が存在することが判明した．

（3）　設計曲げ耐力 M_{ud} の計算

　M_u の算定は，式 (5.35) で示したモーメントの釣合条件式に対して，(2) で示した水平方向の力の釣合条件式 $C'_c = T$，等価応力ブロックを適用し，以下で示される．なお，ここでは，C'_c の作用点位置 y'_c の算定は行わず，C'_c をフランジ部分の C'_{cf} とウェブ部分の C'_{cw} に分ける方法を用いてモーメントの釣合条件式を導いた（ただし，$\beta x > t$ の場合）．

$$C'_{cf} = 0.85 f'_{cd} b_f t$$
$$C'_{cw} = 0.85 f'_{cd} b_w (\beta x - t)$$

よって

$$M_u = C'_{cf}\left(x - \frac{t}{2}\right) + C'_{cw}\left\{x - t - \frac{(\beta x - t)}{2}\right\} + T(d - x)$$
$$= 0.85 f'_{cd} b_f t \left(x - \frac{t}{2}\right) + 0.85 f'_{cd} b_w (\beta x - t)\left(x - \frac{\beta}{2}x - \frac{t}{2}\right) + A_s f_{yd}(d - x)$$

本例題において，M_{ud} は以下の値となる．

$$M_u = 0.85 \times 18.46 \times 600 \times 100(248 - 50)$$
$$+ 0.85 \times 18.46 \times 300(0.8 \times 248 - 100)(248 - 0.4 \times 248 - 50)$$
$$+ 4\,765.2 \times 295 \times (550 - 248)$$
$$= 656\,704\,742 \text{ N·mm} = 656.7 \text{ kN·m}$$

$$M_{ud} = \frac{M_u}{\gamma_b} = \frac{656.7}{1.15} = 571 \text{ kN·m}$$

5.2.6　複鉄筋長方形断面の場合

　ここでは，複鉄筋長方形断面の設計曲げ耐力 M_{ud} の算定について，以下の**例題 5.6** を用いて説明する．なおここでは，圧縮側鉄筋は曲げ破壊時に降伏してい

ると仮定し，破壊モードの判定には図-5.6 のフローチャートに示した Case-2 の判定方法を用いる．

【例題 5.6】

例題図-5.6.1 のような複鉄筋長方形断面の設計曲げ耐力 M_{ud} を求めよ．ただし，材料の力学的性質，安全係数などは以下のとおりである．

$$f'_{cd} = \frac{f'_{ck}}{\gamma_c} = \frac{30}{1.3} = 23.08 \text{ N/mm}^2$$

$$f_{yd} = f'_{yd} = \frac{f_{yk}}{\gamma_s} = \frac{295}{1.0} = 295 \text{ N/mm}^2$$

$\gamma_b = 1.15$

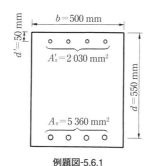

例題図-5.6.1

【解】

ここではまず，「曲げ引張破壊をする（$\varepsilon_s \geqq \varepsilon_y$）」，「圧縮側鉄筋は，曲げ破壊時に降伏している（$\varepsilon'_s \geqq \varepsilon'_y$）」を仮定する．以下，この仮定に基づいて，**例題図-5.6.2** を用いて，M_{ud} の算定を進める．

$$C'_c = 0.85 f'_{cd} b \beta x$$

$$C'_s = A'_s f'_{yd}$$

$$T = A_s f_{yd}$$

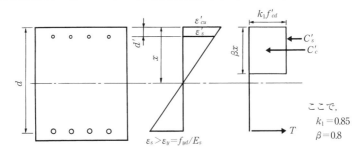

例題図-5.6.2

水平方向の力の釣合条件 $C'_c + C'_s = T$ より，以下の式が導かれ，中立軸の位置 x が算定される．

$$0.85f'_{cd}b\beta x + A'_s f'_{yd} = A_s f_{yd}$$

$$x = \frac{A_s f_{yd} - A'_s f'_{yd}}{0.85 f'_{cd} b \beta}$$

本例題においては

$$x = \frac{5\,360 \times 295 - 2\,030 \times 295}{0.68 \times 23.08 \times 500} = 125 \text{ mm}$$

次に，導かれた x を用いて，式 (5.24) のひずみの適合条件式より，ε_s，ε'_s を導く．

$$\varepsilon_s = \frac{\varepsilon'_{cu}(d-x)}{x}$$

$$\varepsilon'_s = \frac{\varepsilon'_{cu}(x-d')}{x}$$

算定された ε_s，ε'_s を，それぞれ $\varepsilon_y = f_{yd}/E_s$，$\varepsilon'_y = f'_{yd}/E_s$ と比較することで，当初の仮定が正しかったかどうかを判定する．ここで，仮定が正しかったと判定された場合は，この断面は仮定どおり曲げ引張破壊する断面であり，先に求めた x をそのまま用いて M_{ud} の算定へと進むが，仮定が誤りと判定された場合は，当初の仮定を変更し，再度 x，ε_s，ε'_s の計算を行い，仮定が正しいと判定されるまでこれを繰り返す．

本例題では

$$\varepsilon_s = \frac{\varepsilon'_{cu}(d-x)}{x} = \frac{0.0035(550-125)}{125} = 0.0119 > \varepsilon_y = 0.0015$$

$$\varepsilon'_s = \frac{\varepsilon'_{cu}(x-d')}{x} = \frac{0.0035(125-50)}{125} = 0.0021 > \varepsilon'_y = 0.0015$$

よって，仮定は正しかったと判定され，「曲げ引張破壊をする」，「圧縮側鉄筋は降伏する」場合における，以下のモーメントの釣合条件式より，M_u を算定する．

$$M_u = C'_c\left(x - \frac{\beta x}{2}\right) + C'_s(x-d') + T(d-x)$$

$$= 0.85 f'_{cd} b \beta x\left(x - \frac{\beta x}{2}\right) + A'_s f'_{yd}(x-d') + A_s f_{yd}(d-x)$$

なお，水平方向の力の釣合条件式より $T = C'_c + C'_s$ なので，上式は，以下のように示すこともできる．

$$M_u = C'_c\left(x - \frac{\beta x}{2}\right) + C'_s(x-d') + (C'_c + C'_s)(d-x)$$

$$= C'_c\left(d - \frac{\beta x}{2}\right) + C'_s(d-d')$$

$$= 0.85 f'_{cd} b \beta x\left(d - \frac{\beta x}{2}\right) + A'_s f'_{yd}(d-d')$$

よって本例題では，

$$M_u = 0.68 \times 23.08 \times 500 \times 125(550 - 0.4 \times 125) + 2\,030 \times 295(550-50)$$
$$= 789\,875\,000 \text{ N·mm} = 789.9 \text{ kN·m}$$
$$M_{ud} = M_u / \gamma_b = 789.9 / 1.15 = 686.9 \text{ kN·m}$$

となる．

5.3　曲げひび割れ幅の算定

5.3.1　概　説

鉄筋コンクリート曲げ部材の設計においては，コンクリートが引張力に弱いので，断面におけるコンクリートの引張抵抗は無視し，すべての引張力は鉄筋で受

け持つとしている．したがって，合理的に設計された部材の引張部に曲げひび割れが発生するのはむしろ当然のことである．そして，曲げひび割れが発生しても直ちに部材の破壊につながることはない．しかし，構造物の使用状態におけるひび割れの幅は，鉄筋の腐食により耐久性を低下させたり，水密性・気密性の機能を低下させたり，美観を損ねたりするほど過大となってはならない．

以上のことから，ひび割れ幅に対する検討は，鉄筋コンクリート構造物の使用性や耐久性に関する照査の中で重要な事項となる．

コンクリート構造物に発生するひび割れには多くの種類があるが，ここでは，曲げモーメントによる「曲げひび割れ」を対象として，そのひび割れ幅の算定方法を説明する．

5.3.2 算定方法

鉄筋コンクリート部材に曲げモーメントが作用する場合の，引張側コンクリートに発生する初期のひび割れは，曲げ引張作用によるものである．その後は，ひび割れの数が増すにつれて曲げの影響が小さくなり，**図-5.8** に示すような1本の鉄筋が，断面中心に埋め込まれた鉄筋コンクリート柱状供試体（両引供試体）が純引張を受ける状態に比較的近くなると考えられる[4]．ひび割れ性状を理解するには，このような両引供試体について考えるのが最も容易である．

鉄筋の引張応力の増加につれて，ひび割れの数は次第に増加するが，ある程度より大きくなると，もはや新たなひび割れは発生せず，すでに発生しているひび割れの幅だけが増加する状態，いわゆるひび割れの定常状態に達する．

定常状態に達したひび割れの幅は，一般に，次式のようにひび割れ間隔とその部分に埋め込まれた鉄筋の平均ひずみとの積で表すことができる．

$$w = l \cdot \varepsilon_{sm} \tag{5.41}$$

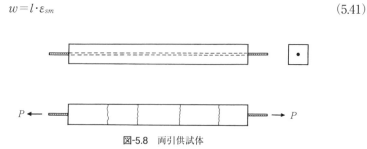

図-5.8 両引供試体

ここに, w：ひび割れ幅
　　　　l：ひび割れ間隔
　　　　ε_{sm}：鉄筋の平均ひずみ

　また，主として乾燥によって，ひび割れ間のコンクリートが収縮し，ひび割れ幅が大きくなることを考慮すると次式となる．

$$w = l(\varepsilon_{sm} + \varepsilon'_{cs}) \tag{5.42}$$

ここに, ε'_{cs}：コンクリート表面の平均収縮ひずみ
　ε_{sm} は，図-5.9 からわかるように次式で表される．

$$\varepsilon_{sm} = \varepsilon_s - \Delta\varepsilon_s = \frac{\sigma_s}{E_s} - \Delta\varepsilon_s \tag{5.43}$$

ここに, ε_s：鉄筋のみが自由に伸びたときのひずみ
　　　　$\Delta\varepsilon_s$：ひび割れ間のコンクリートが引張応力を分担したために生じた，
　　　　　　　鉄筋ひずみの減少分の平均値

$\Delta\varepsilon_s$ は，図-5.9 に示すように，ひび割れ発生後次第に減少し，ε_{sm} の線は ε_s の線に近づき，ほぼ平行になる．したがってひび割れ幅は次式となる．

$$w = l\left(\frac{\sigma_s}{E_s} - \Delta\varepsilon_s + \varepsilon'_{cs}\right) \tag{5.44}$$

ここで，一般には，$\Delta\varepsilon_s$ の値は簡単かつ安全側として 0, ε'_{cs} の値を 150×10^{-6} 程度，また，ひび割れ間隔 l の最大値を内外の研究を参考に次式としている．

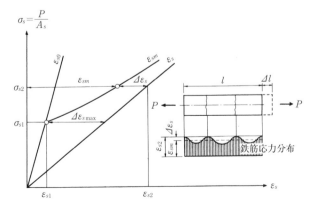

図-5.9　ひび割れ部における鉄筋の σ_s-ε_s の関係

第5章 曲げモーメントを受ける部材の設計

$$l = 4c + 0.7(c_s - \phi) \tag{5.45}$$

c：かぶり（mm）

c_s：鋼材の中心間隔（mm）

ϕ：鋼材径（mm）

そして，曲げひび割れ幅の算定は，2012年制定コンクリート標準示方書［設計編］では次式によって行われる．

$$w = 1.1 k_1 k_2 k_3 \{4c + 0.7(c_s - \phi)\}\left(\frac{\sigma_{se}}{E_s} + \varepsilon'_{csd}\right) \tag{5.46}$$

k_1：鋼材の表面形状の影響を表す係数で，一般に，異形鉄筋の場合には1.0

k_2：コンクリートの品質の影響を表す係数で，$k_2 = \dfrac{15}{f'_c + 20} + 0.7$

k_3：引張鋼材の段数の影響を表す係数で，$k_3 = \dfrac{5\ (n+2)}{7n+8}$

f'_c：コンクリートの圧縮強度（N/mm²）．一般に設計圧縮強度 f'_{cd} を用いて良い．

n：引張鋼材の段数

σ_{se}：鋼材位置のコンクリート応力度が0の状態からの鉄筋応力度の増加量（N/mm²）

ε'_{csd}：コンクリートの収縮およびクリープ等によるひび割れ幅の増加を考慮するための数値で，標準的な値を **表**-5.1 に示す．

表-5.1 収縮およびクリープ等の影響によるひび割れ幅の増加を考慮する数値[5]

環境条件	常時乾燥環境（雨水の影響を受けない桁下面など）	乾湿繰返し環境（桁上面，海岸や川の水面に近く湿度が高い環境など）	常時湿潤環境（土中部材など）
自重でひび割れが発生（材齢30日を想定）する部材	450×10^{-6}	250×10^{-6}	100×10^{-6}
永続作用時にひび割れが発生（材齢100日を想定）する部材	350×10^{-6}	200×10^{-6}	100×10^{-6}
変動作用時にひび割れが発生（材齢200日を想定）する部材	300×10^{-6}	150×10^{-6}	100×10^{-6}

5.4 たわみの算定

5.4.1 概説

　鉄筋コンクリート部材では，ひび割れの生じた断面とひび割れの生じていない断面の剛性が違うので，これらの剛性の変化を考慮したたわみの計算が必要となる．

　ここでは，まず，ひび割れの発生によって変化する鉄筋コンクリート部材の曲げ剛性について述べる．次に，鉄筋コンクリートはりの曲げ変形によるたわみの算定の基本的な考え方を紹介する．なお，鉄筋コンクリート部材の変位・変形は，短期の荷重，長期の荷重によって異なるのが特徴である．長期の荷重作用を受ける場合，コンクリートの収縮やクリープ等による変位・変形への影響も考慮する必要があるが，ここでは，短期の曲げ作用を受ける場合についてのみを対象とする．

5.4.2 鉄筋コンクリート部材の曲げ剛性

　通常，はりのたわみは，構造力学等を用い曲げモーメント M とはりの曲率 ϕ の関係から，弾性曲線の方程式や弾性荷重法などの解析方法で，断面と載荷条件が決まれば，曲げ剛性（EI）を考慮することによって計算することができる．

　ところが，鉄筋コンクリート部材の場合，ひび割れ発生前の M-ϕ 関係は，**図**-5.10 および**表**-5.2 に示すように，全断面が有効な曲げ剛性 $E_c I_g$ を勾配とする直線で表され，一方，ひび割れ発生後は，ひび割れを生じた断面とひび割れの生じていない断面が部材内に混在し，例えば，引張側コンクリートの応力を無視した鉄筋コンクリート断面の状態のみを考えれば良いとはならない．このひび割れ間のコンクリートが分担する引張応力は，ひび割れ本数の増加にともなって徐々に

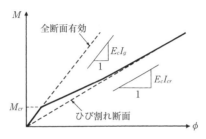

図-5.10　鉄筋コンクリート部材の曲げモーメント－曲率の関係

第5章 曲げモーメントを受ける部材の設計

表-5.2 鉄筋コンクリート部材におけるひび割れの有無に対する中立軸と断面二次モーメント

	全断面有効	ひび割れ断面
断面の状態	(図：全断面有効の応力分布、x_g、σ'_c、C'_c、T_c、T_s、σ_t)	(図：ひび割れ断面の応力分布、x_{cr}、σ'_c、C'_c、σ_s/n、T_s)
中 立 軸 ($\Sigma H=0$)	$x_g = \dfrac{\dfrac{bh^2}{2}+nA_s d}{bh+nA_s}$	$x_{cr}=\dfrac{-nA_s+\sqrt{(nA_s)^2+2nA_s bd}}{b}$
断面二次 モーメント ($\Sigma M=0$)	$I_g = I'_c + I_c + nI_s$ $= \dfrac{b}{3}\{x_g^3+(h-x_g)^3\}+nA_s(d-x_g)^2$	$I_{cr} = I'_c + nI_s$ $= \dfrac{bx_{cr}^3}{3}+nA_s(d-x_{cr})^2$

(注) 上記は，単鉄筋長方形（幅 b，高さ h，有効高さ d，鉄筋量 A_s）の例．
各サフィックスは，g が *gross*（全体），*cr* が *crack*（ひび割れ）を意味する．

小さくなる．この結果曲げ剛性も小さくなり，荷重の増加とともに，**図-5.10** に示すようにひび割れ断面の曲げ剛性 $E_c I_{cr}$ を勾配とする M-ϕ 関係に漸近していく．

全断面が有効な曲げ剛性とひび割れ断面での曲げ剛性を求めるには，コンクリートの弾性係数（ヤング係数）E_c と，力の釣合条件（$\Sigma H=0$，$\Sigma M=0$）より，**表-5.2** に示す断面の応力状態に応じて求められる断面二次モーメント I_g, I_{cr} を用いる．

鉄筋コンクリート部材の曲げ剛性は，一定なものではなく，作用荷重の大きさや，断面におけるひび割れの有無によって異なる．したがって，ひび割れが発生するような荷重状態の場合，ひび割れの生じていない断面（全断面有効の状態）の曲げ剛性 $E_c I_g$ と，ひび割れ断面での曲げ剛性 $E_c I_{cr}$ が混在した状態を評価した曲げ剛性，いわゆる複合材料としての曲げ剛性を必要とする場合もある．

この曲げ剛性の複合材料的な評価については，いくつかの提案がなされているが，現在では，平均的な曲げ剛性 $E_c I_e$ を用いる方法が一般的な手法となっている．ここでは，同一部材におけるコンクリートのヤング係数が一定であるとして，平均化した換算断面二次モーメント I_e を用いるものとする．次式は，2012年制定 コンクリート標準示方書［設計編］で示される換算断面二次モーメント式である．

$$I_e = \left[\left(\frac{M_{crd}}{M}\right)^m I_g + \left\{1-\left(\frac{M_{crd}}{M}\right)^m\right\} I_{cr}\right] \leq I_g \tag{5.47}$$

ここに，M_{crd}：曲げひび割れが発生する限界の曲げモーメントで，コンクリートの引張縁の曲げ応力度が設計曲げひび割れ強度となる曲げモーメ

ント

m ：条件により与えられる指数（**表-5.3** 参照）

上式に基づいて換算断面二次モーメント I_e を求める場合，指数 m，および曲げモーメント M は，一般に，**表-5.3** に示すように，① 断面剛性を曲げモーメントにより変化させる場合と，② 断面剛性を部材全長にわたって一定とする場合の二つに分けて扱っている．①の方法でたわみを求める場合，まず曲率を計算し，そしてたわみ角，たわみの順序で数値積分[6]を行う必要がある．これに対して②の方法は，一般に最大たわみを計算する場合に用いられており，たわみを概算するには簡便な方法である．

表-5.3 換算断面二次モーメント I_e によりたわみを求める方法

① 断面剛性を曲げモーメントにより変化させる場合	② 断面剛性を部材全長にわたって一定とする場合
$m=4$, $M=M_d$ M_d：変位・変形量算定時の設計曲げモーメント	$m=3$, $M=M_{d,\max}$ $M_{d,\max}$：変位・変形量算定時の設計曲げモーメントの最大値
Step-1：M_d の大きさに応じた断面ごとの曲げ剛性 $E_c I_e$ を計算．	Step-1：$M_{d,\max}$ を用い，部材全長にわたって同一の曲げ剛性 $E_c I_e$ を計算する．
Step-2：断面ごとに $E_c I_e$ を用いて曲率を求める．	Step-2：$E_c I_e$ を用い，応用力学（構造力学）に基づく部材の最大たわみ式により，たわみ量を求める．
Step-3：たわみ角，たわみ量の順序で数値積分を行う．	

5.4.3 弾性荷重法によるたわみの算定

弾性荷重法は，弾性荷重 M/EI を用いて共役はりの曲げモーメントを計算することでたわみを算定する方法である．

鉄筋コンクリート部材の場合，**図-5.11** に示すように，M/EI の計算には，ひび割れの発生している領域と発生していない領域に分けた断面二次モーメント I_g, I_{cr}（**表-5.2** 参照）を用いる．ここで曲げひび割れの発生の有無は，コンクリートの曲げひび割れ強度を用いて計算される曲げひび割れが発生する限界の曲げモーメント M_{crd} と作用荷重による各断面の曲げモーメント M の大小を比較して判断する．

断面二次モーメントは，$M \leqq M_{crd}$ の部分の断面においては全断面を有効とした

第5章 曲げモーメントを受ける部材の設計

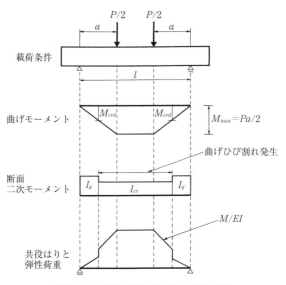

図-5.11 2点集中を受けるはりの弾性荷重

I_g を，$M > M_{crd}$ の部分の断面においてはひび割れの断面での I_{cr} を用いる．これより，図-5.11 に示すように共役はりにそれぞれの弾性荷重 $M/(E_cI_g)$，$M/(E_cI_{cr})$ を載荷させ，この状態の曲げモーメントを計算することでたわみが求められる．

5.4.4　換算断面二次モーメントを用いたたわみの算定

ここでは，5.4.2 の式 (5.47) に示した換算断面二次モーメントを用いたたわみの算定について，例題 5.7 を用いて説明する．

【例題 5.7】

例題図-5.7.1 に示した断面寸法と材料特性の単鉄筋長方形断面のはりについて，等分布荷重 w (kN/m) を受ける場合のスパン中央部のたわみ y_{max} を求めよ．

【解】

以下の計算では，桁数が多くなるため mm ではなく m を用いることとする．

（1）I_g の計算　全断面が有効な場合（$M \leq M_{crd}$）

表-5.2 より

$$x_g = \frac{\frac{bh^2}{2} + nA_sd}{bh + nA_s} = \frac{\frac{0.4(0.9)^2}{2} + 8 \times 1.59 \times 10^{-3} \times 0.8}{0.4 \times 0.9 + 8 \times 1.59 \times 10^{-3}}$$

5.4 たわみの算定

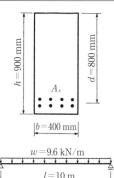

断面寸法	幅 b	$b=400$ mm
	高さ h	$h=900$ mm
	有効高さ d	$d=800$ mm
鉄筋量	A_s	8D16=1 589 mm²
ヤング係数	$n=E_s/E_c$	8
コンクリート	E_c	25 kN/mm²
	f_{bcd}	1.91 N/mm²

例題図-5.7.1

$=0.462$ m $=462$ mm

$$I_g = \frac{b}{3}\{x_g^3+(h-x_g)^3\}+nA_s(d-x_g)^2 = \frac{0.4}{3}\{(0.462)^3+(0.9-0.462)^3\}$$

$$+8\times(1.59\times10^{-3})\times(0.8-0.462)^2 = 0.0243 + 1.549\times10^{-4}$$

$$=0.02581 \text{ m}^4$$

(2) I_{cr} の計算　ひび割れ断面の場合（$M>M_{crd}$）

$$x_{cr} = \frac{-nA_s+\sqrt{(nA_s)^2+2nA_sbd}}{b}$$

$$= \frac{-8\times(1.59\times10^{-3})+\sqrt{(8\times1.59\times10^{-3})^2+2\times8\times1.59\times10^{-3}\times0.4\times0.8}}{0.4}$$

$=0.196$ m $=196$ mm

$$I_{cr} = \frac{bx_{cr}^3}{3}+nA_s(d-x_{cr})^2$$

$$= \frac{0.4\times(0.196)^3}{3}+8\times1.59\times10^{-3}\times(0.8-0.196)^2$$

$$=5.64\times10^{-3}=0.00564 \text{ m}^4$$

(3) I_e の計算

　ここでは，等分布荷重を受けるはりのスパン中央におけるたわみを求めるために，表-5.3②より，曲げモーメントとして設計曲げモーメントの最大値 $M_{d,\max}$ を用いた．断面剛性を部材全長にわたって一定とする場合の換算断面二次モーメン

ト式を適用する．

式 (5.47) より

$$M_{crd} = \frac{I_g}{(h-x_g)} f_{bcd} = \frac{0.02581}{(0.9-0.462)} \times (1.91 \times 10^6) = 112\,506.8 \text{ N·m}$$

$$= 112.5 \text{ kN·m}$$

等分布荷重を受ける単純はりの曲げモーメントは，スパン中央で最大値 $M_{d,\max}$ となる．

$$M_{d,\max} = \frac{wl^2}{8} = \frac{9.6 \times 10^2}{8} = 120 \text{ kN·m}$$

よって，換算断面二次モーメント I_e は，以下のようになる．

$$I_e = \left(\frac{M_{crd}}{M_{d,\max}}\right)^3 I_g + \left\{1 - \left(\frac{M_{crd}}{M_{d,\max}}\right)^3\right\} I_{cr}$$

$$= \left(\frac{112.5}{120.0}\right)^3 \times 0.02581 + \left\{1 - \left(\frac{112.5}{120.0}\right)^3\right\} \times 0.0056 = 0.0223 \text{ m}^4 \quad \leq I_g$$

(4) たわみの算定

等分布荷重が載荷している単純はりのスパン中央のたわみ $y_{\max}$ は，曲げ剛性 EI として $E_c I_e$ を用いることで，以下の公式より求まる．

$$y_{\max} = \frac{5wl^4}{384 E_c I_e} = \frac{5 \times 9.6 \times 10^4}{384 \times (25 \times 10^6) \times 0.0223} = 0.0022 \text{ m} = 2.2 \text{ mm}$$

文　献

1) Whitney, C. S.："Plastic Theory in Reinforced Concrete Design", Transactions, ASCE, vol. 107, pp. 251-326, 1942.
2) Hognestad, E., Hanson, N. W. and McHenry, D.："Concrete Stress Distribution in Ultimate Strength Design", Jour. of ACI, Title No. 52-28, pp. 455-479, Dec. 1955.
3) Mattock, A. H., Kriz, L. B. and Hognestad, E.："Rectangular Stress Distribution in Ultimate Strength Design", Jour. of ACI, Title No. 57-43, pp. 875-928, Feb. 1961.
4) 後藤幸正・犬塚浩司：引張を受ける異形鉄筋周辺のコンクリートに発生するひび割れに関する実験的研究，土木学会論文報告集，No. 294, 1980.2.
5) 土木学会：2012 年制定 コンクリート標準示方書［設計編］, 2013.
6) 田辺忠顕・檜貝・梅原・二羽：コンクリート構造学，第 4 章（4.5　桁の曲げ変形），朝倉書店，初版, pp. 79〜82, 1992. 6.

第6章　軸方向力を受ける部材の設計

要　点

（1）　中心軸方向荷重が支配的に作用する，細長い鉛直あるいは鉛直に近い部材を柱という．鉄筋コンクリート柱は，その軸方向に作用する圧縮力をコンクリートおよび軸方向鉄筋で受け持つ部材である．「細長比」が35以下の柱は「短柱」として設計して良い．それ以上は「長柱」として設計する．

（2）　鉄筋コンクリート柱には，「帯鉄筋柱」と「らせん鉄筋柱」がある．後者は，らせん効果による補強効果が期待でき，破壊に至るまでの大きな変形に耐えることができる．

（3）　軸方向力のみを受ける短柱の耐力の算定は，原則，コンクリート部分の耐力，軸方向鉄筋の耐力ならびにらせん効果で補強された分の耐力を加算したものと考える．

（4）　偏心軸方向力の作用（軸方向力 N'，偏心量 e）は，図-6.1に示すように曲げモーメント M $(=N' \times e)$ と軸方向力 N' とを同時に受ける作用として扱う．この場合の鉄筋コンクリート柱の耐力は，曲げモーメントのみを受ける部材の曲げ耐力の算定方法の考え方に基づき，等価応力ブロック等を用いて算定する．

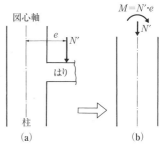

図-6.1　偏心軸方向力を受ける部材

（5）　（4）において，e を変化させることで断面破壊が生じる際の N' と M がどのように変化するか表した図を「相互作用図」という．

6.1 軸方向力を受ける鉄筋コンクリート柱

6.1.1 一般

　中心軸方向荷重が支配的に作用する，細長い鉛直あるいは鉛直に近い部材を柱という．柱の座屈状況から，図-6.2 に示す，両端ヒンジの柱の変形に相似な変形の部分の長さ h_e を「柱の有効長さ」という．図-6.2 に，柱の有効長さ h_e の例を示す．柱の有効長さと，コンクリートの総断面積 A および断面二次モーメント I を用いて計算した回転半径（断面二次半径）$r = \sqrt{I/A}$ との比 h_e/r を細長比と呼び，この値が 35 以下の柱を短柱，それ以上を長柱と定義する．6.1 では，主に中心軸方向荷重を受ける短柱について述べる．

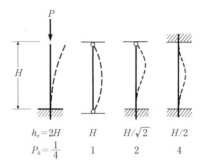

H：柱の高さ　　h_e：柱の有効長さ　　P_k：座屈荷重の比

図-6.2　柱の有効長さ h_e

　柱は一般に圧縮力をコンクリートおよび軸方向鉄筋によって分担して支持する機能を有している．図-6.3 に示すように軸方向鉄筋の座屈を防ぎ鉛直位置を確保するため帯鉄筋で取り囲んだ鉄筋コンクリート柱を帯鉄筋柱，同様にらせん鉄筋でらせん状に取り囲んだ鉄筋コンクリート柱をらせん鉄筋柱と定義している．また，らせん鉄筋のかわりに環状に軸方向鉄筋を囲んだものも，らせん鉄筋柱として取り扱っている．

6.1 軸方向力を受ける鉄筋コンクリート柱

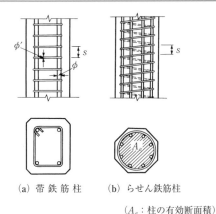

(a) 帯鉄筋柱　　(b) らせん鉄筋柱

(A_e：柱の有効断面積)

図-6.3　柱の種類

6.1.2　らせん効果

らせん鉄筋柱におけるらせん効果について説明する．らせん鉄筋柱は，図-6.4 (a) にみられるように柱に軸方向荷重が作用してかぶりコンクリートが崩壊した後も，らせん鉄筋により補強された直径 d_{sp} の部分が抵抗し，図-3.4 に示すように大きな変形に耐えることができる．

図-6.4 (b) に示されるように，らせん鉄筋による拘束を鋼製円筒に置き換え，この内部のコンクリートをあたかも液体のように考えると，軸方向力 P によって横方向に一様な液圧 σ_r を受けると仮定できる．

らせん鉄筋で囲まれたコンクリートの断面積 $A_e = (\pi/4)d_{sp}^2$，ポアソン比 ν，コンクリート軸方向応力 $\sigma'_c = P/A_e$ として，

$$\sigma_r = \nu \sigma'_c = \frac{\nu P}{A_e} = \frac{4\nu P}{\pi d_{sp}^2} \tag{6.1}$$

この圧力によって生じる円筒の引張力 T は，長さ s に対して図-6.4 (c) より，

$$2T = \int_0^\pi \sigma_r \frac{d_{sp}}{2} s \sin\varphi \, d\varphi = \sigma_r \frac{d_{sp}}{2} s [-\cos\varphi]_0^\pi = \sigma_r d_{sp} s$$

$$T = \frac{1}{2}\sigma_r d_{sp} s \tag{6.2}$$

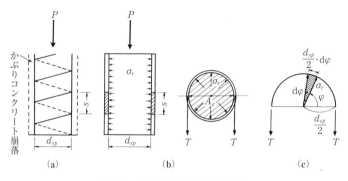

図-6.4 らせん鉄筋柱のらせん効果

T は，らせん鉄筋の引張力でもあるので，らせん鉄筋応力を σ_{sp} とし，らせん鉄筋の断面積を A_{sp} とすれば，$T=\sigma_{sp}A_{sp}$ となる．式（6.2）に式（6.1）を代入し，$\sigma_{sp}A_{sp}$ と等しく置くと，らせん効果による軸方向力 P が求まる．

$$\sigma_{sp}A_{sp} = \frac{1}{2}\frac{4\nu P}{\pi d_{sp}^2}d_{sp}s = \frac{2\nu Ps}{\pi d_{sp}}$$

$$P = \frac{1}{2}\frac{\pi d_{sp}A_{sp}}{\nu s}\sigma_{sp} = \frac{1}{2\nu}\sigma_{sp}A_{spe} \tag{6.3}$$

ただし，A_{spe} はらせん鉄筋の換算断面積で，$A_{spe}=\pi d_{sp}A_{sp}/s$ である．A_{spe} は，らせん鉄筋を鋼円筒に置き換えた時の軸方向直角断面の有効面積と考えられる．柱の破壊はらせん鉄筋が降伏（f_{py}）するか，あるいは破壊することによって生じることを考慮し，コンクリートのポアソン比を $\nu=0.2$ と仮定すると，式（6.3）は次のように置き換わる．

$$P = 2.5f_{py}A_{spe} \tag{6.4}$$

6.1.3 鉄筋コンクリート短柱の設計断面耐力の算定

軸方向荷重を受ける帯鉄筋柱およびらせん鉄筋柱の設計断面耐力 N'_{oud} は，以上の検討を踏まえ 2007 年制定コンクリート標準示方書［設計編］では次のような二つの式で示される．これらはいずれも，コンクリート，軸方向鉄筋ならびにらせん効果による独立の耐力を加算したものが柱の耐力と考えるものである．設計断面耐力は，帯鉄筋柱の場合は式（6.5）で求め，らせん鉄筋柱の場合は式（6.5）

と式 (6.6) でそれぞれ求めた値の大きい方の値となる.

$$N'_{oud} = \frac{k_1 f'_{cd} A_c + f'_{yd} A_{st}}{\gamma_b} \tag{6.5}$$

$$N'_{oud} = \frac{k_1 f'_{cd} A_e + f'_{yd} A_{st} + 2.5 f_{pyd} A_{spe}}{\gamma_b} \tag{6.6}$$

ここに, A_c：コンクリートの断面積

A_e：らせん鉄筋で囲まれたコンクリートの断面積（通常，軸方向鉄筋の断面積も含めて良い）

A_{st}：軸方向鉄筋の全断面積

s：らせん鉄筋のピッチ

d_{sp}：らせん鉄筋に囲まれた断面の直径

f'_{yd}：軸方向鉄筋の設計圧縮降伏強度

f_{pyd}：らせん鉄筋の設計引張降伏強度

k_1：強度の低減係数（$=1-0.003 f'_{ck} \leq 0.85$）

以下に，柱に関して2つの例題と解法を示す.

【例題 6.1】

例題図-6.1.1 に示す断面の帯鉄筋柱の設計断面耐力 N'_{oud} を求めよ．なお，断面は正方形，帯鉄筋は D10 をピッチ 300 mm，$f'_{ck}=21\,\text{N/mm}^2$，$f'_{yk}=295\,\text{N/mm}^2$，$\gamma_c=1.3$，$\gamma_s=1.0$，$\gamma_b=1.3$ とする．

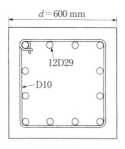

例題図-6.1.1

【解】

$f'_{cd}=f'_{ck}/\gamma_c=21/1.3=16.2\,\text{N/mm}^2$

第6章 軸方向力を受ける部材の設計

$$f'_{yd} = f'_{yk}/\gamma_s = 295/1.0 = 295 \text{ N/mm}^2$$
$$A_c = 600 \times 600 = 360\,000 \text{ mm}^2$$
$$A_{st} = 12 \times 642.4 = 7\,710 \text{ mm}^2$$

k_1 は，$1 - 0.003 \times 21 = 0.937 > 0.85$ より，$k_1 = 0.85$

したがって，式（6.5）より

$$N'_{oud} = \frac{k_1 f'_{cd} A_c + f'_{yd} A_{st}}{\gamma_b}$$
$$= \frac{0.85 \times 16.2 \times 360\,000 + 295 \times 7\,710}{1.3}$$
$$= \frac{7\,231\,650}{1.3} = 5\,562\,808 = 5.563 \text{ MN}$$

【例題 6.2】

例題図-6.2.1 に示す断面のらせん鉄筋短柱の設計断面耐力 N'_{oud} を求めよ．なお，$d_{sp} = 250$ mm，らせん鉄筋のピッチ $s = 50$ mm，$f'_{ck} = 24$ N/mm^2，$f'_{yk} = 295$ N/mm^2，$\gamma_c = 1.3$，$\gamma_s = 1.0$，$\gamma_b = 1.3$ とする．

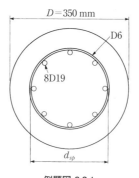

例題図-6.2.1

【解】

$$f'_{cd} = \frac{f'_{ck}}{\gamma_c} = \frac{24}{1.3} = 18.5 \text{ N/mm}^2$$
$$f'_{yd} = f'_{yk}/\gamma_s = 295/1.0 = 295 \text{ N/mm}^2$$
$$f_{pyd} = f'_{pyk}/\gamma_s = 295/1.0 = 295 \text{ N/mm}^2$$

$$A_c = \frac{\pi D^2}{4} = 96\,211\,\text{mm}^2,\ A_e = \frac{\pi d_{sp}^2}{4} = 49\,088\,\text{mm}^2$$

$$A_{st} = 8 \times 286.5\,\text{mm}^2 = 2\,292\,\text{mm}^2$$

$$A_{spe} = \frac{\pi d_{sp} A_{sp}}{s} = \frac{3.14 \times 250 \times 31.67}{50} = 497\,\text{mm}^2$$

$$k_1 = 0.85$$

したがって，式（6.5）より

$$N'_{oud} = \frac{0.85 \times 18.5 \times 96\,211 + 295 \times 2\,292}{1.3} = 1\,684\,\text{kN} = 1.684\,\text{MN}$$

また，式（6.6）より

$$N'_{oud} = \frac{0.85 \times 18.5 \times 49\,088 + 295 \times 2\,292 + 2.5 \times 295 \times 497}{1.3}$$
$$= 1\,396\,\text{kN} = 1.396\,\text{MN}$$

大きい方の N'_{oud} が設計断面耐力となるので，$N'_{oud} = 1.684\,\text{MN}$ となる．

6.2　曲げモーメントと軸方向力を受ける鉄筋コンクリート断面の耐力の算定

6.2.1　一　般

図-6.1 に示したように，偏心軸方向力を受ける鉄筋コンクリート断面の耐力は，鉄筋コンクリート断面の図心に対して曲げと軸力が同時に作用した場合の耐力の算定となり，**図-3.6** で示した曲げモーメント（M_u）と軸方向力（圧縮力 N'）の相互作用図中の座標（M_u, N'）として与えられる．この各点（M_u, N'）を求めるために使用する様々な仮定は，5.2で述べた曲げ耐力の場合と同様である．

6.2.2　長方形断面の場合

偏心圧縮力を受ける**図-6.5** に示す複鉄筋長方形断面の場合を例にとって，その設計耐力 N'_{ud}，M_{ud}（ただし，$M_{ud} = N'_{ud} \times e$）を計算する手順を示す．ここで，$k_1 = 0.85$，$\beta = 0.8$，$\varepsilon'_{cu} = 0.035$ とする．なお，単鉄筋断面の場合は，以下の内容について，圧縮鉄筋に関する項目を省略することで同様に算定できる．

第6章 軸方向力を受ける部材の設計

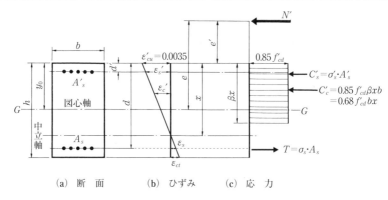

図-6.5 偏心圧縮力を受ける長方形断面部材

(a) 圧縮縁から鉄筋コンクリート断面の図心までの距離 y_0 は，鉄筋量 A_s，A'_s をそれぞれ nA_s，nA'_s としてコンクリート断面積に換算することで，

$$y_0 = \frac{(bh^2/2) + n(A_s d + A'_s d')}{bh + n(A_s + A'_s)} \tag{6.7}$$

(b) $x \leq h$ を仮定すると，コンクリートに作用する圧縮合力 C'_c は

$$C'_c = 0.85 f'_{cd} \times 0.8xb = 0.68 f'_{cd} bx \tag{6.8}$$

$\varepsilon'_s \geq f'_{yd}/E_s (= \varepsilon'_y)$ を仮定すると圧縮鉄筋に作用する圧縮力 C'_s は

$$C'_s = f'_{yd} A'_s \tag{6.9}$$

$\varepsilon_s \geq f_{yd}/E_s (= \varepsilon_y)$ を仮定すると同様に，引張鉄筋に作用する引張力 T は

$$T = f_{yd} A_s \tag{6.10}$$

(c) 水平方向の力の釣合条件式をこれらに適用する．いま，偏心圧縮力を N' として一般式は次のようになる．

$$N' = C'_c + C'_s - T \tag{6.11}$$

$$N' = 0.68 f'_{cd} bx + f'_{yd} A'_s - f_{yd} A_s \tag{6.12}$$

(d) 図心軸 $G-G$ に関するモーメントの釣合条件式より

$$N'e = C'_c(y_0 - 0.4x) + C'_s(y_0 - d') + T(d - y_0) \tag{6.13}$$

式 (6.11) と式 (6.13) より N' を消去すると

$$(C'_c + C'_s - T)e = C'_c(y_0 - 0.4x) + C'_s(y_0 - d') + T(d - y_0)$$

$$C'_c(y_0 - 0.4x - e) + C'_s(y_0 - d' - e) + T(d - y_0 + e) = 0 \tag{6.14}$$

式 (6.8)，(6.9)，(6.10) より

$$0.68f'_{cd}bx(y_0-0.4x-e)+f'_{yd}A'_s(y_0-d'-e)+f_{yd}A_s(d-y_0+e)=0$$
$$(6.15)$$

式 (6.15) を x について解くことで，ここでは，$x \leqq h$, $\varepsilon'_s \geqq \varepsilon'_y$, $\varepsilon_s \geqq \varepsilon_y$ の仮定に基づいた中立軸の位置 x が算定される．ここで $x \leqq h$ が成立する場合，以下の (e) においてひずみの適合条件式を用いて $\varepsilon'_s \geqq \varepsilon'_y$, $\varepsilon_s \geqq \varepsilon_y$ の仮定の真偽を確認することで，最終的にここで算定された x が正しい値か否か判断される．それぞれの仮定に対して誤りが判明した場合は，(b) に戻り，各鉄筋の降伏の有無の仮定を以下のように修正し，再度同じ手順を繰り返すこととなる．

$$\varepsilon'_s < \varepsilon'_y \text{ の場合}: C'_s = A'_s E_s \frac{\varepsilon'_{cu}(x-d')}{x} \tag{6.16}$$

$$\varepsilon_s < \varepsilon_y \text{ の場合}: T = A_s E_s \frac{\varepsilon'_{cu}(d-x)}{x} \tag{6.17}$$

(e) ひずみの適合条件式による仮定の確認

$$\varepsilon'_s = \varepsilon'_{cu}(x-d')/x$$
$$\varepsilon_s = \varepsilon'_{cu}(d-x)/x$$

上式に x の値を代入し，導かれた ε'_s, ε_s が (b) で仮定した条件を満足するかを検討する．満足する場合は次に進み，満足しない場合 (d) で述べたように (b) に戻り，当初と異なる仮定に基づいて再度計算を試みる．

(f) 設計耐力 N'_{ud}

$$N'_{ud} = \frac{N'}{\gamma_b} \tag{6.18}$$

6.2.3 相互作用図の算定

ここでは，以下の**例題 6.3** を例にとり，単鉄筋長方形断面における相互作用図の算定について説明する．

【例題 6.3】

例題図-6.3.1 に示す単鉄筋長方形断面（$b=500$ mm, $h=800$ mm, $d=720$ mm, $A_s=8$D29$=5\,139$ mm^2）に偏心軸圧縮力が鉄筋と反対側に作用したときの相互作用図を描け．なお，$f'_{ck}=24$ N/mm^2, $f_{yk}=f'_{yk}=295$ N/mm^2, $\gamma_c=1.3$, $\gamma_s=1.0$, $n=8.0$ とする．

第6章　軸方向力を受ける部材の設計

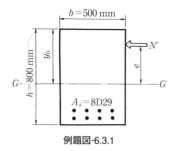

例題図-6.3.1

【解】

$$f'_{cd} = \frac{f'_{ck}}{\gamma_c} = \frac{24}{1.3} = 18.5\,\text{N/mm}^2$$

$$f'_{yd} = \frac{f'_{yk}}{\gamma_s} = \frac{295}{1.0} = 295\,\text{N/mm}^2$$

$$\varepsilon_y = \frac{f_{yd}}{E_s} = \frac{295}{2.0 \times 10^5} = 0.001475$$

式 (6.7) より

$$y_0 = \left(\frac{bh^2}{2} + nA_s d\right)/(bh + nA_s)$$

$$\fallingdotseq 430\,\text{mm}$$

$h \geqq x$ の場合，式 (6.8) より

$$C'_c = 0.68 f'_{cd} bx = 6\,290 x$$

引張鉄筋において，式 (6.10)，(6.17) より

$\varepsilon_s \geqq \varepsilon_y$ の場合　　$T = f_{yd} A_s = 295 \times 5\,139 = 1\,516\,\text{kN}$

$\varepsilon_s < \varepsilon_y$ の場合　　$T = A_s E_s \varepsilon'_{cu}(d-x)/x = 3\,597\,300(720-x)/x$

① 曲げモーメントのみ作用する場合（$\gamma_b = 1.15$ とする）

5.2.4 で示した方法を用いて算定する．結果として，

釣合鉄筋比　$p_b = \dfrac{0.68 f'_{cd}}{f_{yd}} \times \dfrac{\varepsilon'_{cu}}{\varepsilon'_{cu} + \varepsilon_y} = 0.0297$

鉄筋比　$p = \dfrac{A_s}{bd} = 0.0143$

よって曲げ引張破壊する。したがって，曲げ耐力 M_{ud} は，

$$M_{ud}=Tz/\gamma_b=A_sf_{yd}[d-0.59pd(f_{yd}/f'_{cd})]/\gamma_b$$
$$=1\,516\,000[720-0.59\times0.0143\times720(295/18.5)]/1.15=821\text{ kN}\cdot\text{m}$$

② $e=0$ の場合（断面図心位置に軸力のみ作用する場合）（$\gamma_b=1.3$ とする）
式 (6.5) より

$$N'_{oud}=(0.85f'_{cd}A_c+f'_{yd}A_{st})/\gamma_b=6\,005\text{ kN}$$

③ 釣合偏心（釣合破壊）状態の場合

引張鉄筋のひずみ ε_s が ε_y になると同時に，コンクリート圧縮縁のひずみが ε'_{cu} に達するとし，**図-6.5** のひずみ分布から

$$x=\frac{\varepsilon'_{cu}}{\varepsilon'_{cu}+\varepsilon_y}d=[0.0035/(0.0035+0.00143)]\times720=511\text{ mm}$$

したがって，

$$N'_{ud}=N'/\gamma_b=(6\,290x-1\,516\,000)/1.15=1\,477\text{ kN}\,(N'=1\,698\text{ kN})$$
$$e_b=[C'_c(y_0-0.4x)+T(d-y_0)]/N'$$
$$=\frac{6\,290\times511(430-0.4\times511)+1\,516\,000(720-430)}{1\,698\,000}=686\text{ mm}$$

e_b：釣合偏心量

$$M_{ud}=N'_{ud}e_b=1\,013\text{ kN}\cdot\text{m}$$

④ $e>686$ mm の場合（$e=1\,000$ mm，$\gamma_b=1.15$ とする）

6.2.2 より，$x\leqq h$，$\varepsilon_s\geqq\varepsilon_y$ となり，式 (6.15) より，$x=421$ mm となる。
したがって，

$$N'_{ud}=(C'_c-T)/\gamma_b=(6\,290x-1\,516\,000)/1.15=985\,780\text{ N}\fallingdotseq986\text{ kN}$$
$$M_{ud}=986\text{ kN}\times1\text{ m}=986\text{ kN}\cdot\text{m}$$

⑤ $e<686$ mm の場合（その 1）（$e=400$ mm，$\gamma_b=1.15$ とする）

6.2.2 より，$x\leqq h$，$\varepsilon_s<\varepsilon_y$ となり，$x=564$ mm となる。
したがって，

$$N'_{ud}=(C'_c-T)/\gamma_b=[6\,290x-3\,597\,300(720-x)/x]/1.15=2\,220\text{ kN}$$
$$M_{ud}=2\,220\times0.4=888\text{ kN}\cdot\text{m}$$

⑥ $e<686$ mm の場合（その 2）（$e=100$ mm，$\gamma_b=1.15$ とする）

6.2.2 より，$x\leqq h$，$\varepsilon_s<0$ となり，$x=775$ mm となる。

したがって,

$$N'_{ud} = [6\,290x - 3\,597\,300(720-x)/x]/1.15 = 4\,461 \text{ kN}$$

$$M_{ud} = 4\,461 \times 0.1 = 446.1 \text{ kN·m}$$

上記の①から⑥の結果を描くと**例題図-6.3.2**のようになり,これらの点を結ぶことで,大まかな相互作用図が算定できる.

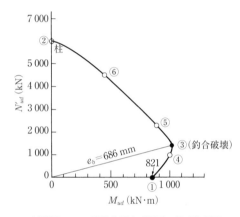

例題図-6.3.2 単鉄筋長方形断面の相互作用図

第7章　せん断力を受ける部材の設計

要　点

（1）　鉄筋コンクリート部材が「せん断力」の作用を受けると，斜めのひび割れが発生する（**第3章**参照）．その結果，圧縮力をコンクリートで，引張力を引張側の主鉄筋で受け持たせるという鉄筋コンクリートの基本的な機構が損なわれ，破壊に至る場合がある．これを「せん断破壊」という．

（2）　せん断破壊のおそれがある鉄筋コンクリート部材を下記に示す．
　① はり・柱のような細長い部材（棒部材）
　② スラブや壁などのような面状の部材（面部材）
　③ 特殊な考慮が必要な箇所や部材（フランジの付け根，打継ぎ面でのせん断伝達，ディープビーム，コーベルなど）

（3）　せん断破壊は，曲げ破壊の様相とは異なり，部材が破壊するまでの変形は小さく，急激に耐力を失うため，安全で合理的な鉄筋コンクリート部材の設計という観点からは望ましくない破壊である．

（4）　せん断破壊を防止するための補強鉄筋を「せん断補強鉄筋」という．これには，スターラップ，折曲げ鉄筋，帯筋などの種類がある．

（5）　せん断耐力は，基本的にコンクリートの分担分とせん断補強鉄筋の分担分の和として表す．せん断補強筋の分担力の評価には，「トラスアナロジー」の考え方が最も普及している．

第7章 せん断力を受ける部材の設計

7.1 棒部材のせん断耐力

7.1.1 せん断補強筋のない棒部材のせん断耐力

はりのような棒部材のせん断破壊は，第3章で述べたように斜めひび割れの発生が主な原因となる．そして最も危険なせん断破壊は，この斜めひび割れの発生とほぼ同時に生じる斜め引張破壊である．したがって，せん断補強鉄筋のない棒部材のせん断耐力は，この斜めひび割れを発生させる主引張応力（斜め引張応力）がコンクリートの引張強度 f_t に達したときを目安として定めるのが一般的である．

すなわち，主引張応力は圧縮応力 σ' とせん断応力 τ の関数として表せるから，図-7.1 を参照すれば，斜めひび割れ発生時のせん断応力度 τ は，次のようになる．

$$\tau = \sqrt{(f_t + \sigma')f_t} \tag{7.1}$$

式 (7.1) におけるせん断応力度 τ と，部材に作用しているせん断力 V の関係は，鉄筋コンクリート部材の場合，平均せん断応力度（公称せん断応力度）として次式で表している．

$$\tau = \frac{V}{b_w d} \tag{7.2}$$

ここに，b_w は部材ウェブの幅で，各種断面における b_w, d, A_s は図-7.2 のよう

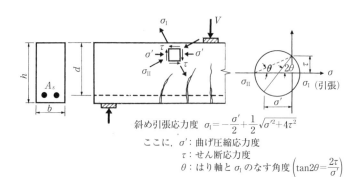

図-7.1　せん断力が作用した鉄筋コンクリートはりのひび割れ発生後の応力状態

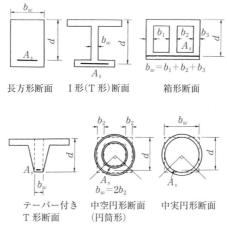

図-7.2 各種断面における b_w, d, A_s のとり方

に考える.

式 (7.1) および (7.2) より,せん断補強鉄筋のない棒部材のせん断耐力に対するおおよその関数形は次のようになる.

$$V = \{\sqrt{(f_t + \sigma')f_t}\}b_w d \tag{7.3}$$

式 (7.3) に示したように,斜めひび割れ発生時のせん断耐力は,曲げ応力度,コンクリートの引張強度,および断面寸法などが主要因となることがわかる.これより,以上の諸要因を含む式 (7.1) を τ_c とすれば,せん断補強鉄筋のない棒部材のせん断耐力算定式は次式のようになる.

$$V_c = \tau_c b_w d \tag{7.4}$$

示方書で用いられている棒部材の設計せん断耐力 V_{cd} では,式 (7.5) に示すように,コンクリートの設計圧縮強度,有効高さ,引張鉄筋比,軸方向力の影響[1]を考慮している.

$$V_{cd} = \frac{\beta_d \cdot \beta_p \cdot f_{vcd} \cdot b_w \cdot d}{\gamma_b} \tag{7.5}$$

ここに,$f_{vcd} = 0.20\sqrt[3]{f'_{cd}}$ (N/mm²),ただし,$f_{vcd} \leq 0.72$ (N/mm²)

$\beta_d = \sqrt[4]{1\,000/d}$ (d : mm),ただし,$\beta_d > 1.5$ となる場合は 1.5 とする

$\beta_p = \sqrt[3]{100 p_v}$,ただし $\beta_p > 1.5$ となる場合は 1.5 とする

b_w：腹部の幅（mm）

d：有効高さ（mm）

$p_v = A_s/(b_w \cdot d)$

A_s：引張側鋼材の断面積（mm²）

f'_{cd}：コンクリートの設計圧縮強度（N/mm²）

γ_b：一般に 1.3 としてよい（部材係数）

7.1.2　せん断補強筋を有する棒部材のせん断耐力

　せん断力が作用する鉄筋コンクリート部材では，斜めひび割れの発生が原因となって起こるぜい性的なせん断破壊を防止するための補強が必要である．この目的で用いられるのがせん断補強鉄筋（shear reinforcement）で，腹鉄筋あるいは斜め引張鉄筋とも呼ばれている．せん断補強鉄筋には，図-7.3 より，①のように鉛直に配置するスターラップ（stirrup），②のように主鉄筋を途中から曲げ上げた折曲げ鉄筋（bent bar，一般には 45°で曲げ上げる），柱部材の帯鉄筋（tie bar），および鉛直あるいは傾斜して配置する PC 鋼材などが用いられる．

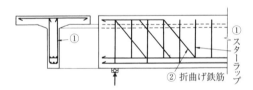

図-7.3　せん断補強鉄筋の種類とその配置方法の概略

　はりに適当なせん断補強鉄筋を配置すると，図-7.4 より，せん断補強鉄筋は，斜めひび割れの発生後から，せん断力の一部を分担（V_s）するようになる．さらにせん断補強鉄筋は，斜めひび割れ面でのせん断伝達力（骨材のかみ合い作用，V_a）を維持させ，主鉄筋のせん断抵抗（ダウェル作用，V_d）を増加させる，などに効果がある．

　これらせん断補強鉄筋の分担作用については，トラスアナロジー（truss analogy）の考え方が最も普及している．これは，図-7.5 に示すように，斜めひび割れ間のコンクリートを圧縮斜材とし，スターラップをハウストラスの鉛直材

7.1 棒部材のせん断耐力

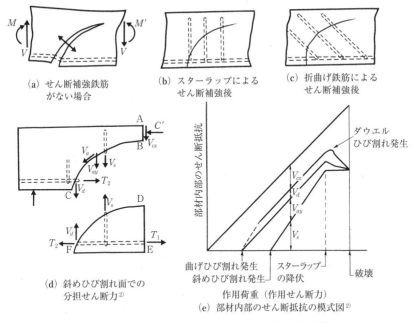

図-7.4 せん断補強鉄筋を有するはりのせん断力の分担性状

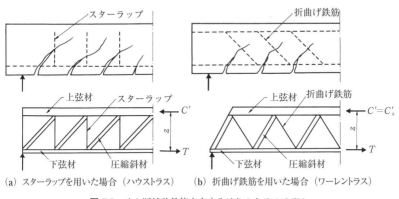

図-7.5 せん断補強鉄筋を有するはりのトラスモデル

に，また折曲げ鉄筋をワーレントラスの引張斜材として扱う考え方である．

トラスアナロジーによるせん断補強鉄筋の分担せん断力 V_s は，次のような方法によって求められる．ここでは，**図-7.6** に示すようなせん断補強鉄筋（軸線と

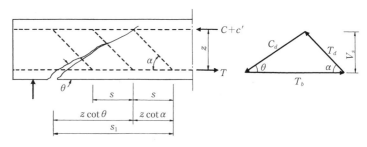

図-7.6　トラスアナロジーによる棒部材の力の釣合

なす角度 α，間隔 s）を有する棒部材に，部材軸に θ の角度で斜めひび割れが発生した場合を考える．せん断補強鉄筋の分担せん断力 V_s は，図-7.6 に示す力の三角形の鉛直な成分で与えられるから，次式になる．

$$V_s = T_d \sin\alpha = C_d \sin\theta \tag{7.6}$$

ここで，V_s：せん断補強鉄筋の分担せん断力
　　　　T_d：斜めひび割れ面を横切るせん断補強鉄筋の引張抵抗
　　　　C_d：コンクリートの斜め圧縮力

また，作用せん断力 V と，せん断補強鉄筋の分担するせん断力 V_s の関係は，

$$V_s = V - V_c \tag{7.7}$$

ここに，V_s：トラス作用で受け持たれるせん断補強鉄筋のせん断力
　　　　V：作用せん断力
　　　　V_c：トラス作用以外で受け持たれるせん断力で，一般には，せん断補強鉄筋のない棒部材での斜めひび割れ発生時のせん断力

さらに，トラスの下弦材の長さ s_1 は，図-7.6 より，次式で与えられる．

$$s_1 = z(\cot\alpha + \cot\theta) \tag{7.8}$$

ここに，z：曲げモーメントによって部材に生ずる圧縮力の合力の作用位置から引張鉄筋の図心までの距離（アーム長）

これより，斜めひび割れ面を横切る一組のせん断補強鉄筋の本数 n は，下弦材の長さ s_1 が式（7.8）で与えられるから，せん断補強鉄筋を間隔 s で配置するとすれば，次式になる．

$$n = \frac{s_1}{s} \tag{7.9}$$

7.1 棒部材のせん断耐力

よって，斜めひび割れ面を横切る一組のせん断補強鉄筋の斜め引張力 T_s は T_d/n であるから，せん断補強鉄筋の分担するせん断力 V_s は，式（7.6），式（7.8）および式（7.9）より，次式で与えられる．

$$V_s = \frac{T_s \sin\alpha(\cot\alpha + \cot\theta)z}{s} \tag{7.10}$$

一方，図-7.4 で示したように，せん断補強鉄筋が分担するせん断力は，せん断補強鉄筋の降伏によって，ほぼ一定値に達する．したがって，せん断補強鉄筋を有する棒部材では，せん断補強鉄筋の降伏がトラス機構の成立限界と考えて，次式のようにせん断補強鉄筋が分担するせん断耐力 V_s が求められる．

$$V_s = \frac{A_w f_{wy} \sin\alpha(\cot\alpha + \cot\theta)z}{s} \tag{7.11}$$

ここに，A_w：一組のせん断補強鉄筋の断面積
　　　　f_{wy}：せん断補強鉄筋の降伏強度

これより，式（7.7）に式（7.11）を代入して書き改めれば，せん断補強鉄筋を有する棒部材のせん断耐力 V_y は，次式のようになる．

$$V_y = V_c + V_s \tag{7.12}$$

一般には，棒部材のせん断補強としてスターラップや折曲げ鉄筋が用いられるが，実際には，鉛直あるいは傾斜して配置される PC 鋼材もある．したがって，せん断補強鉄筋を有する棒部材の設計せん断耐力 V_{yd} の算定に際しては，次式を用いる．

$$V_{yd} = V_{cd} + V_{sd} + V_{ped} \tag{7.13}$$

ここに，V_{cd}：せん断補強鉄筋のない棒部材の設計せん断耐力で，式（7.5）を用いて求められる

　　　　V_{sd}：せん断補強鋼材によって受け持たれる設計せん断耐力

　　　　$V_{sd} = [A_w f_{wyd}(\sin\alpha_s + \cos\alpha_s)/s_s + A_{pw}\sigma_{pw}(\sin\alpha_{ps} + \cos\alpha_{ps})/s_p]z/\gamma_b$

　　　　A_w：区間 s_s におけるせん断補強鉄筋の総断面積（mm^2）

　　　　A_{pw}：区間 s_p におけるせん断補強用緊張材の総断面積（mm^2）

　　　　σ_{pw}：せん断補強鉄筋降伏時におけるせん断補強用緊張材の引張応力（N/mm^2）

　　　　$\sigma_{pw} = \sigma_{wpe} + f_{wyd} \leq f_{pyd}$

σ_{wpe}：せん断補強用緊張材の有効引張応力度（N/mm²）

f_{wyd}：せん断補強鉄筋の設計降伏強度で，$25f'_{cd}$（N/mm²）と 800 N/mm² のいずれか小さい値を上限とする

f_{pyd}：せん断補強用緊張材の設計降伏強度（N/mm²）

α_s：せん断補強鉄筋が部材軸とのなす角度

α_{ps}：せん断補強用緊張材が部材軸とのなす角度

s_s：せん断補強鉄筋の配置間隔（mm）

s_p：せん断補強用緊張材の配置間隔（mm）

z：圧縮応力の合力の作用位置から引張鋼材図心までの距離で，一般に $d/1.15$ としてよい

γ_b：一般に 1.1 としてよい

V_{ped}：軸方向緊張材の有効引張力のせん断力に平行な成分

$V_{ped} = P_{ed} \cdot \sin\alpha_{pl} / \gamma_b$

P_{ed}：軸方向緊張材の有効引張力（N/mm²）

α_{pl}：軸方向緊張材が部材軸とのなす角度

γ_b：一般に 1.1 としてよい

一方，せん断補強鉄筋が多量に配置されている場合や，Ｉ形断面のようにウェブ幅が狭い場合，せん断補強鉄筋が十分にその機能を発揮する前に（降伏しないうちに），ウェブコンクリートの部分が斜めの圧縮力によって破壊することがある（**第 3 章参照**）．このような破壊を斜め圧縮破壊と呼び，**図-7.5** のトラスにおける圧縮斜材（ストラット，strut）の破壊と考えて，斜め圧縮破壊耐力を求める．斜め圧縮破壊耐力は，ウェブコンクリートがせん断圧縮強度 f_{cd} に達したとして，設計用値 V_{wcd} を求める．

$$V_{wc} = f_{wc} b_w z (\cot\theta + \cot\alpha) \sin^2\theta \qquad (7.14)$$

コンクリート標準示方書［設計編］においては，設計斜め圧縮破壊耐力を式 (7.15) により算定してよいとしている．

$$V_{wcd} = \frac{f_{wcd} \cdot b_w \cdot d}{\gamma_b} \qquad (7.15)$$

ここに，V_{wcd}：斜め圧縮破壊耐力の設計用値

$f_{wcd} : 1.25\sqrt{f'_{cd}}$ (N/mm²),ただし $f_{wcd} \leqq 9.8$ (N/mm²)

f'_{cd}:コンクリートの設計圧縮強度(N/mm²)

$d' \fallingdotseq d$:ウェブ高さであるが,近似的には有効高さとしてよい

γ_b:部材係数,一般に1.3としてよい

以上のように,せん断補強鉄筋を有する棒部材のせん断耐力は,せん断補強鉄筋のない部材のせん断耐力と,せん断補強用鋼材などの分担力の和として表される.しかし,せん断補強鉄筋があると,上述のような圧縮斜材の破壊(斜め圧縮破壊)ばかりでなく,トラス的な釣合機構が軸方向鉄筋に及ぼす影響を考慮する必要がある.これはトラス機構が成立するようになると,図-7.7に示すように,軸方向鉄筋に作用する引張力が曲げ理論(はり理論)によって求めた軸方向鉄筋の引張力よりも大きくなるためである[3].したがって,設計では,トラス理論による引張応力に等しくなるように,曲げ理論による軸方向鉄筋の引張応力の分布を支点方向にずらして(シフトルール),軸方向引張鉄筋量を定めることになる.

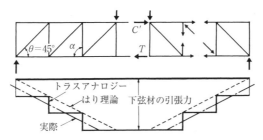

図-7.7 トラス構造による下弦材(主鉄筋)の引張力の概略[3]

【例題 7.1】

次の単鉄筋長方形断面を有するはりの設計せん断耐力 V_{yd} を求め,せん断に対する安全性を検討せよ.ただし部材には,設計断面力としてせん断力 $V_d = 180$ kN,軸方向圧縮力 $N'_d = 50$ kN,および曲げモーメント $M_d = 150$ kN·m が作用している.また,このはりは曲げ耐力 $M_{ud} = 180$ kN·m である.材料の特性値および安全係数は以下の通りである.

コンクリート:設計基準強度 $f'_{ck} = 24$ N/mm²,材料係数 $\gamma_c = 1.3$

鉄　　　筋:設計降伏強度 $f_{yk} = 345$ N/mm²,材料係数 $\gamma_s = 1.0$

主 鉄 筋 量:$A_s = 3D22 = 3 \times 387.1 = 1\,161$ mm²

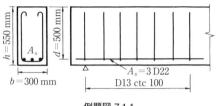

例題図-7.1.1

　　　構 造 物 係 数：$\gamma_i = 1.15$

【解】

（1）　斜め圧縮破壊耐力 V_{wcd} の計算

$$V_{wcd} = f_{wcd} \cdot b_w \cdot d / \gamma_b \qquad (7.15)$$

ここで，$f_{wcd} = 1.25\sqrt{f'_{cd}}$ （N/mm²）

　　　b_w：部材ウェブの幅（$=300$ mm）

　　　d：有効高さ（$=500$ mm），γ_b：部材係数（$=1.3$）

　　　$f'_{cd} = f'_{ck}/\gamma_c = 24/1.3 = 18.5$ N/mm²

　　　∴ $V_{wcd} = 1.25 \times \sqrt{18.5} \times 300 \times 500 / 1.3 = 620\,360$ N $= 620$ kN

（2）　設計せん断耐力 V_{yd} の計算

　本例題では，せん断補強鉄筋としてスターラップ D13 が 100 mm ピッチで用いられているので，設計せん断耐力 V_{yd} は，せん断補強鉄筋のない部材の分担せん断耐力 V_{cd} とせん断補強鉄筋の分担せん断耐力 V_{sd} の和で表される．

$$V_{yd} = V_{cd} + V_{sd}$$

（せん断補強鉄筋のない場合の設計せん断耐力 V_{cd} の計算）

$$V_{cd} = \beta_d \cdot \beta_p \cdot \beta_n \cdot f_{vcd} \cdot b_w \cdot d / \gamma_b$$

ここで，$p_v = A_s / (b_w \cdot d) = 1\,161 / (300 \times 500) = 0.00774$

　　　$f_{vcd} = 0.20\sqrt[3]{f'_{cd}} = 0.20 \times (18.5)^{1/3} = 0.53$ N/mm²

　　　$\beta_d = \sqrt[4]{1\,000/d} = (1\,000/500)^{1/4} = 1.189$

　　　$\beta_p = \sqrt[3]{100 p_v} = (100 \times 0.00774)^{1/3} = 0.918$

　　　$\beta_n = 1 + 2M_0/M_{ud}$（$N'_d \geq 0$ の場合）

　　　N'_d：設計軸方向圧縮力

　　　M_{ud}：軸方向力を考慮しない純曲げ耐力（$=180$ kN・m）

　　　M_0：設計曲げモーメント M_d に対する引張縁において，軸方向力によっ

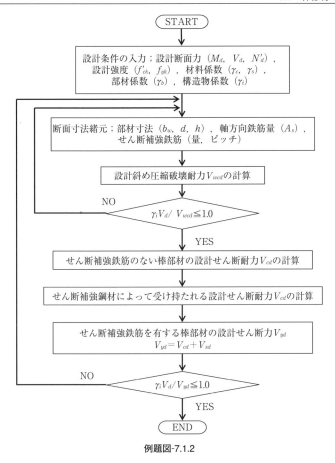

例題図-7.1.2

て発生する応力を打ち消すのに必要な曲げモーメント M_0 は以下のように求める.

軸方向力 N'_d と同時に曲げモーメント M_0 を受ける場合の縁応力の一般式は,

$$\sigma = N'_d/A \pm M_0/W$$

上式より,引張縁における応力がゼロとなる M_0 を求めるのであるから,

$$\sigma = N'_d/A \pm M_0/W = 0$$

$$\therefore M_0 = N'_d W/A$$

ここで,部材断面の引張縁の断面係数が $W = b_w h^2/6$ で,部材の断面積が $A = b_w h$ であるから,M_0 は,次のようになる.

$$M_0 = N'_d \cdot h/6 = 50 \times 0.55/6 = 4.58 \text{ kN·m}$$

よって，$\beta_n = 1 + 2M_0/M_{ud}$ より，

$$\beta_n = 1 + 2 \times 4.58/180 = 1.05$$

これより，せん断補強鉄筋を無視した場合の設計せん断耐力 V_{cd} は，

$$V_{cd} = 1.189 \times 0.918 \times 1.05 \times 0.53 \times 300 \times 500/1.3 = 70\,100 \text{ N} = 70.1 \text{ kN}$$

（せん断補強鉄筋の分担せん断耐力 V_{sd} の計算）

スターラップの分担する設計せん断耐力 V_{sd} は，斜めひび割れ面の傾斜角を $\theta = 45°$ とすれば，スターラップと部材軸のなす角 α_s が 90° であるから，次のように書き改められる．

$$V_{sd} = A_w \cdot f_{wyd} \cdot z/(s_s \cdot \gamma_b)$$

ここで，A_w：1 組のせん断補強鉄筋の断面積

$A_w = 2 \times D13 = 2 \times 126.7 = 253.4 \text{ mm}^2$

f_{wyd}：スターラップの設計降伏強度（$= 345 \text{ N/mm}^2$）

z：圧縮応力の合力の作用位置から引張鋼材図心までの距離

$z = d/1.15 = 500/1.15 = 435 \text{ mm}$

s_s：スターラップの配置間隔（$= 100 \text{ mm}$），$\gamma_b = 1.1$

$$V_{sd} = 253.7 \times 345 \times 435/(100 \times 1.1) = 346\,000 \text{ N} = 346 \text{ kN}$$

（設計せん断耐力 V_{yd} の計算）

$$V_{yd} = V_{cd} + V_{sd} = 70.1 + 346 = 416.1 \text{ kN} < V_{wcd} = 620 \text{ kN}$$

上式に示されるように，斜め圧縮破壊耐力 V_{wcd} は，設計せん断耐力 V_{yd} よりも大きく，本部材が斜め圧縮破壊を生じないことが示された．

（3）せん断に対する安全性の検討

終局限界状態において，断面がせん断破壊に対して安全であるためには，構造物係数 γ_i を考慮した設計せん断力 V_d と設計せん断耐力 V_{yd} の比が 1.0 以下であればよいから，

$$\gamma_i \cdot V_d/V_{yd} = 1.15 \times 180/416.1 = 0.5 \leq 1.0$$

上式に示されるように，1.0 以下となっており，本部材はせん断に対して安全に設計されている．

7.2 面部材の押抜きせん断耐力

スラブに局部的な荷重が作用する場合，図-7.8 より，荷量域周辺部から円錐形状またはピラミッド状の形をなしたコーンを形成するようにして，スラブの一部が押し抜かれたようにして破壊する．このような破壊を押抜きせん断破壊[4]といい，棒部材のせん断破壊と同様，多くの要因の影響を受けるため複雑である．このため設計では，図-7.9(a)のような破壊面を図-7.9(b)のように仮定して，この断面に対して安全性の検討を行っているものが多い[5],[6]．

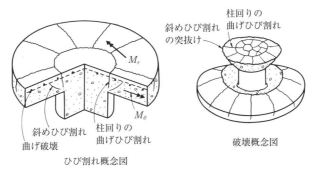

図-7.8 スラブの局部載荷による押抜きせん断破壊の様相[4],[5]

このうち，示方書では，図-7.9(c)に示すように，載荷面から $d/2$ だけ離れた破壊面を仮定し，押抜きせん断破壊に対する設計用値 V_{pcd} を定めている．すなわち，載荷面が部材の自由縁または開口部から離れており，かつ荷重の偏心が小さい場合の面部材の押抜きせん断耐力 V_{pcd} は，次式になる．

$$V_{pcd} = \frac{\beta_d \cdot \beta_p \cdot \beta_r \cdot f'_{pcd} \cdot u_p \cdot d}{\gamma_b} \tag{7.16}$$

ここに，$f'_{pcd} = 0.20\sqrt{f'_{cd}}$ （N/mm²），ただし，$f'_{pcd} \leqq 1.2$ （N/mm²）

$\beta_d = \sqrt[4]{1\,000/d}$ （d : mm），ただし，$\beta_d > 1.5$ となる場合は 1.5 とする

$\beta_p = \sqrt[3]{100p}$，ただし，$\beta_p > 1.5$ となる場合は 1.5 とする

$\beta_r = 1 + 1/(1 + 0.25u/d)$

第7章 せん断力を受ける部材の設計

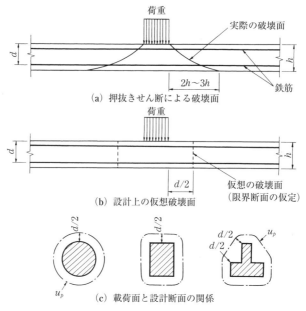

図-7.9 押抜きせん断破壊に対する設計上の破壊断面の仮定の概念図

f'_{cd}：コンクリートの設計圧縮強度（N/mm²）
u：載荷面の周長
u_p：設計断面の周長で，載荷面から$d/2$離れた位置で算定する
d および p：有効高さおよび鉄筋比で，2方向の鉄筋に対する平均値
$β_b$：部材係数で，一般に1.3としてよい

7.3 せん断に対して特殊な考慮が必要な箇所や部材

　せん断の作用を受ける鉄筋コンクリート構造物には，棒部材や面部材などのせん断問題以外に，せん断に対して特殊な考慮が必要な箇所や部材がある．これらは，次のようなものである．

① フランジ幅の大きなT形はりにおけるフランジの付け根部や，コンクリートの打継ぎ面などのせん断伝達
② スパンに比べてはりの高さの大きいディープビームやコーベル

7.3.1 せん断伝達

せん断力の作用を受けるはりでは，鉛直ばかりでなく水平のせん断力も生じている．このためフランジ幅の大きいT形はりなどでは，フランジ付け根に沿った水平のひび割れが発生することがある．また，コンクリートの打継目にせん断力が作用することがある．したがって，これらひび割れや打継面を介して伝達されるせん断力（せん断伝達力，図-7.10参照）に対する安全性の検討が必要となる．

せん断伝達については，一般に，せん断面に作用する摩擦力がその限界値を超えるとせん断伝達耐力を失うというせん断摩擦説（shear friction hypothesis）[7]に基づいて検討されている．

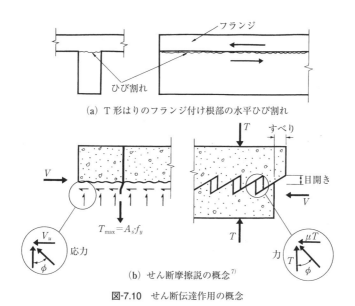

(a) T形はりのフランジ付け根部の水平ひび割れ

(b) せん断摩擦説の概念[7]

図-7.10 せん断伝達作用の概念

示方書では，せん断面に鉄筋が配置されている場合，せん断面における設計せん断伝達耐力 V_{cwd} として，次式を与えている．

$$V_{cwd} = \{(\tau_c + p \cdot \tau_s \cdot \sin^2\theta - \alpha \cdot p \cdot f_{yd} \cdot \sin\theta\cos\theta)A_c + V_k\}/\gamma_b \tag{7.17}$$

ここに，$\tau_c = \mu \cdot f'^b_{cd}(\alpha \cdot pf_{yd} - \sigma_{nd})^{1-b}$

$\tau_s = 0.08 f_{yd}/\alpha$

$\alpha = 0.75\{1-10(p-1.7\sigma_{nd}/f_{yd})\}$

ただし，$0.08\sqrt{3} \leq \alpha \leq 0.75$（異形鉄筋の場合）

σ_{nd}：せん断面に垂直に作用する平均応力度で，圧縮の場合には，
$\sigma_{nd} = -\sigma'_{nd}/2$ とする

いずれの場合にも，$(\alpha \cdot p \cdot f_{yd} - \sigma_{nd})$ が正でなければならない

σ'_{nd}：せん断面に垂直に作用する平均圧縮応力度

p：せん断面における鉄筋比で，せん断面から両側にそれぞれ十分な定着長をもった鉄筋のみを考慮する

A_c：せん断面の面積

θ：せん断面と鉄筋のなす角度

b：面形状を表す係数（0〜1）で，以下の値を標準とする

2/3 = ひび割れ面（普通強度のコンクリート）

1/2 = 打継面（処理あり）あるいは高強度コンクリートのひび割れ，プレキャスト部材の継目に接着剤を用いた場合の継目

μ：固体接触に関する平均摩擦係数で，0.45 としてよい

V_k：せん断キーによるせん断耐力

$V_k = 0.1 A_k \cdot f'_{cd}$　　A_k：せん断キーのせん断面の断面積

γ_b：一般に 1.3 としてよい

7.3.2　ディープビームおよびコーベル

ディープビームやコーベルは，せん断スパンと有効高さの比（a/d）が 1.0 以下の部材である．このため，曲げ応力に比べてせん断応力の影響が大きく，また，荷重や反力の作用により発生する鉛直方向の圧縮応力の影響によって，はりの応力分布が一般の細長いはりと異なっている．

ディープビームやコーベルの場合，図-7.11 に示すように，斜めひび割れが発生するとタイドアーチ的な釣合機構に変化するため，部材は，斜めひび割れ発生後，さらに荷重に耐えることができる．

最終的には，① タイドアーチ的な釣合機構がもたらすアーチリブかタイ材の破壊による 1 次的な破壊と，② 支点に大きな集中荷重が載荷されるために生じる 2 次的な破壊，のいずれかによって破壊することになり，次の 4 種類の破壊形

7.3 せん断に対して特殊な考慮が必要な箇所や部材

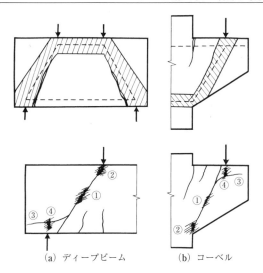

図-7.11 ディープビームとコーベルのタイドアーチ的な釣合および破壊形式

式がある．

① アーチリブ破壊：アーチリブに相当するコンクリート部分の圧壊
② 曲げ破壊：タイ材としての鉄筋が降伏して起こる破壊，または圧縮側コンクリートの圧壊による破壊
③ 主鉄筋の定着破壊：斜めひび割れ後のタイドアーチ的な性状により，鉄筋定着部に大きな引張力が作用するため破壊
④ 支圧破壊：支点に大きな集中荷重が載荷されるため，局部応力によって反力部が圧壊により破壊

示方書では，ディープビームおよびコーベルのせん断破壊をアーチリブの破壊と考え，設計せん断耐力 V_{dd} を求めている．

$$V_{dd} = \beta_d \cdot \beta_p \cdot \beta_a \cdot f_{dd} \cdot b_w \cdot d / \gamma_b \tag{7.18}$$

ここに，V_{dd}：設計せん断圧縮破壊耐力（N）

$$f_{dd} = 0.19\sqrt{f'_{cd}} \ (\text{N/mm}^2) \tag{7.19}$$

$\beta_d = \sqrt[4]{1\,000/d}$，ただし，$\beta_d > 1.5$ となる場合は 1.5 とする

$\beta_n = 1 + 2M_0/M_{ud}$ （$N'_d \geqq 0$ の場合）．ただし，$\beta_n > 2$ となる場合は 2 とする

$\quad\ = 1 + 4M_0/M_{ud}$ （$N'_d < 0$ の場合）．ただし，$\beta_n < 0$ となる場合は 0 とする

第7章　せん断力を受ける部材の設計

$\beta_p = 1 + \sqrt{100 p_v/2}$，ただし，$\beta_p > 1.5$ となる場合は 1.5 とする

$\beta_a = 5/[1 + (a/d)^2]$

b_w：腹部の幅（mm）

d：単純はりの場合は載荷点，片持はりの場合は支持部全面における有効高さ（mm）

a：支持部全面から載荷点までの距離（mm）

$p_v = A_s/(b_w \cdot d)$

A_s：引張側鋼材の断面積（mm^2）

M_{ud}：軸方向力を考慮しない純曲げ耐力

M_0：設計曲げモーメント M_d に対する引張縁において，軸方向力によって発生する応力を打ち消すのに必要な曲げモーメント

N'_d：設計軸方向圧縮力

f'_{cd}：コンクリートの設計圧縮強度（N/mm^2）

γ_b：部材係数で一般に 1.3 とする

7.3.3　ストラット-タイモデル

　せん断力が作用する鉄筋コンクリート部材は，荷重の作用位置や形状により応力の流れが複雑な領域（Disturbed Region）を形成する場合がある．このような領域においては，部材内部の応力の流れに着目したストラット-タイモデル[8]によって耐荷力を算定する方法もある．このモデルは，曲げを受ける部材と異なり，図-7.12[9]に示すように，載荷重による力の流れが非線形となる部材や，ディープビームのような載荷点と支点の間が荷重伝達経路となる部材に対して，設計荷重に対する耐荷機構や力の流れを明確にした視覚的に解析や設計が行える構造モデルである．

　図-7.12 に示す部材や開口部を含む部材などは，部材内部で力の流れが大きく変わるため，耐荷力の算定，あるいは配筋方法が一般的なはりや柱に比べて難しい場合がある．このような場合，実験や高度の解析手法により耐荷機構を求め，安全性を検討する方法もあるが，設計荷重による断面破壊に対する安全性に着目する場合はストラット-タイモデルの適用も有効である．

　ストラット-タイモデルは 1 次元のストラットとタイ（図-7.12），およびこれ

7.3 せん断に対して特殊な考慮が必要な箇所や部材

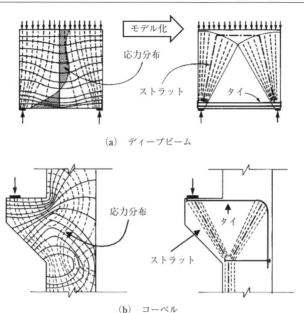

(a) ディープビーム

(b) コーベル

図-7.12 ストラット-タイモデルを適用した部材の例[9]

らを結合する節点から構成され，耐荷力を静的釣合条件とストラットおよびタイの強度から算定するものである．

ストラットとタイの構成は，

- ストラット：ウェブ圧縮斜材，あるいは支点上のような圧縮応力場
- タイ：通常，鉄筋や PC 鋼材の引張合力

をモデル化したものとなる．

図-7.13 は，X線造影撮影法により撮影した支圧応力を受けるコンクリートに発生したストラットと平行なひび割れ[10]であり，これにストラット-タイモデルを重ね合わせた例である．局部載荷重により支圧応力が作用するようなコンクリートには載荷の直角方向に引張応力が作用するもので，耐荷力の算定に関しては，ストラット-タイモデルによって合理的な安全性設計が可能となる．ただし，部材形状に応じたコンクリートの圧縮ストラット幅の設定に関しては，定量的な設定方法が確立されておらず，今後，ストラット幅の算定手法の構築を進めるものである．

第 7 章　せん断力を受ける部材の設計

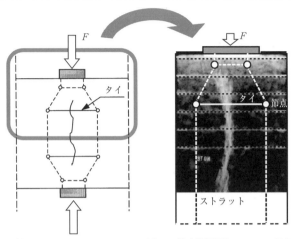

（a）ストラット-タイモデル　（b）X線造影撮影法によるひび割れ[10]

図-7.13　支圧応力によるひび割れの発生とストラット-タイモデルの適用

参考文献

1) 土木学会：2012年制定 コンクリート標準示方書［設計編］，2013．
2) MacGregor, J.G.：Reinforced Concrete, Mechanics and Design（4thEdition），Prentice Hall, 2005．
3) Hognestad, E.：A Study of Combined Bending and Axial Load in Reinforced Concrete Members, Bulletin No. 399, Engineering Experiment Station, Univ. of Illinois, p.128, November 1951．
4) 青柳征夫：鉄筋コンクリートシェル要素の面内せん断，ibid, pp.135-148, June 4, 1982．
5) 小柳　洽：鉄筋コンクリートスラブの押抜きせん断とその設計上の取扱い，コンクリート工学, Vol.10, No.8, pp.3-13, August 1981．
6) Nielsen, M.P. Punching Shear Resistance according to the CEB Model Code, ACI SP-59/CEB Bulletin 113, pp.193-210, 1979．
7) Mast, R.F.：Auxiliary Reinforcement in concrete connections, Jour. of Structural Div., ASCE, Vol.94, No.ST6, pp.1485-1504, Jun.1963．
8) Schlaich, J. et al.：Toward a Consistent Design of Structural Concrete, PCI Journal, Vol.32, No.3, pp.74-150, May/June 1987．
9) Michael P. Collins & Denis Mitchell：Prestressed Concrete Basics, Canadian Prestressed Concrete Institute, 1994．
10) 子田康弘，原　忠勝，大塚浩司：X線造影法を併用した局部載荷重下のコンクリートの性状に関する検討，コンクリート工学年次論文集，Vol.25, pp.1087-1092, 2003．

第8章　ねじりを受ける部材の設計

要　　点

（1）　部材をねじろうとするねじりモーメントが部材に作用すると，部材の断面にはねじりせん断応力が生じる．このため鉄筋コンクリート部材には，せん断力を受けた場合と同様な斜めのひび割れが発生する．

（2）　ねじりひび割れは，図-8.1に示すように，部材の両側面や上面と下面にも発生し，らせん状の斜めひび割れとなるのが特徴である[1),2)]．

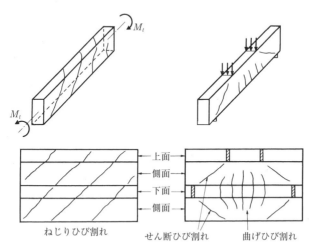

図-8.1　部材に生ずるねじりひび割れとせん断ひび割れ[2)]

（3）　部材に生じるねじりモーメントは，構造物の形式によって釣合ねじり

と変形適合ねじりに区分される．終局限界状態では，変形適合ねじりの影響が無視できるほど小さくなるので考慮しなくてもよい．したがって，設計では釣合ねじりについて断面破壊を検討する．

8.1 一　　般

外力が作用して部材に生じるねじりモーメントは，構造物の形式によって異なり，**図-8.2** に示すように，① 釣合ねじりと② 変形適合ねじりに区分されている．
① 　釣合ねじり〔**図-8.2**（a），（b）〕：ねじりを考慮しないと，その構造系が成立しない．部材のねじり耐力が構造物全体の安全性に影響するので，終局限界状態での検討が必要となる．
② 　変形適合ねじり〔**図-8.2**（c）〕：不静定構造物を構成する部材間の変形の適合によって生じるねじりモーメントで，主として構造物の弾性範囲における変形に影響を与えるものである．

このように部材に生じるねじりモーメントには，構造系との関係から釣合ねじりと，変形適合ねじりに分類されているが，設計では変形適合ねじりを考慮しなくてもよい．これは，鉄筋コンクリート部材のねじり剛性が，ひび割れの発生や塑性変形によって大幅に低下し，その部材に作用するねじりモーメントが小さくなるためである．

したがって，終局限界状態に対するねじりの検討は，釣合ねじりの場合が対象となるが，安全性を損なわない範囲で，① ねじり補強筋の配置の検討と，② ねじりに対する安全性の検討自体が省略できる範囲がある．

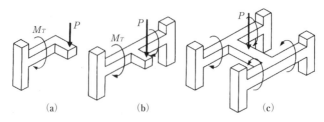

図-8.2　釣合ねじりと変形適合ねじり[3]

① ねじり補強筋の配置の検討が省略できる範囲

$\gamma_i M_{td}/M_{tud} \leqq 0.5$ (8.1)

② ねじりの検討が省略できる範囲

$\gamma_i M_{td}/M_{tud} < 0.2$ (8.2)

ここに，M_{td}：設計ねじりモーメント（作用ねじりモーメント）

M_{tcd}：ねじり補強鉄筋のない場合の設計純ねじり耐力

γ_i：構造物係数（安全係数）

ねじりモーメントと，曲げモーメントやせん断力が同時に作用する場合，**図-8.3**に示すように，純ねじり耐力と他の断面耐力との相関関係（interaction diagram）より，与えられた断面力の組合せによって得られた値が曲線の内側，すなわち原点側にあることを確かめることでねじりに対する安全性の検討を行う．

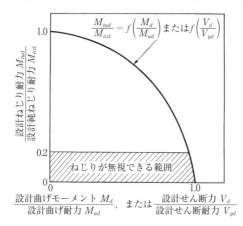

図-8.3 ねじりと同時に他の断面力を受ける場合の相関関係の模式図

8.2 ねじり補強鉄筋のない部材のねじり耐力

ねじり補強鉄筋のない部材のねじり破壊は，せん断補強鉄筋のない棒部材の斜め引張破壊の場合とほぼ同様に，らせん状の斜めひび割れの発生と同時に起こる．ねじりモーメントを受けて斜めひび割れが発生するまでは，鉄筋コンクリート部材の場合でも，ほぼ弾性体に近い挙動を示す．したがって，ねじり補強鉄筋のない場合の設計ねじり耐力にも，弾性理論[4]に基づいた算定法を採用している．

表-8.1 ねじりに関する諸係数

断面形状	K_t	備考
円形（直径 D）	$\dfrac{\pi D^3}{16}$	
長方形（短辺 b，長辺 d）	○点 $b^2 d/\eta_1$ ×点 $b^2 d/(\eta_1 \eta_2)$	$\eta_1 = 3.1 + \dfrac{1.8}{d/b}$ $\eta_2 = 0.7 + \dfrac{0.3}{d/b}$
T形断面	$\sum \dfrac{b_i^2 d_i}{\eta_1}$	長方形への分割はねじり剛性が大きくなるような分割とする．
L形断面	b_i, d_i はそれぞれ分割した長方形断面の短辺の長さおよび長辺の長さとする．	

ねじり補強鉄筋がない場合の純ねじり耐力の設計用値 M_{tud} は，斜めひび割れ発生に係わるねじりせん断応力度にコンクリートの設計引張強度をプレストレスなどの軸方向圧縮力によるねじり耐力の増加を考慮し求めることができる．

$$M_{tud} = M_{tcd} \tag{8.3}$$

ここに，$M_{tcd} = \beta_{nt} \cdot K_t \cdot f_{td}/\gamma_b$：設計純ねじり耐力

K_t：ねじり係数（表-8.1 参照）

$\beta_{nt} = \sqrt{1 + \sigma'_{nd}/(1.5 f_{td})}$：軸方向圧縮力に関する係数

f_{td}：コンクリートの設計引張強度

σ'_{nd}：軸方向力による作用平均圧縮応力度（$< 7 f_{td}$）

γ_b：部材で，一般に 1.3 としてよい

8.3 ねじり補強鉄筋を有する部材のねじり耐力

ねじりに対する補強は，図-8.4 より，軸方向鉄筋と，これを取り囲むように直角方向に配置する閉合型の横方向鉄筋との組み合わせが基本である．

これらねじり補強鉄筋がある鉄筋コンクリート部材でも，ねじりひび割れ発生

8.3 ねじり補強鉄筋を有する部材のねじり耐力

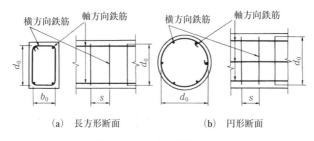

(a) 長方形断面　　　　　(b) 円形断面

図-8.4 ねじり補強鉄筋の配置

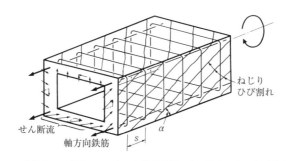

図-8.5 立体トラス理論によるねじり補強鉄筋のある場合のねじり破壊形式[3]

までの挙動は，無筋コンクリートの場合とほぼ同様である．ひび割れ発生後の部材の挙動や耐荷能力は，軸方向鉄筋や横方向鉄筋の引張力，コンクリートの圧縮力，あるいは鉄筋のダウェル作用などが分担する抵抗作用の影響を受けることとなる．したがって，ねじり補強鉄筋を有する鉄筋コンクリート部材のねじり耐力を求めるには，ねじりひび割れ発生後の抵抗機構に着目する必要がある．

　ねじり補強鉄筋のある場合のねじり耐力は，立体トラス理論[3] による考え方が採用されている．これは，**図-8.5** より，らせん状のひび割れが形成された状態を立体トラスにモデル化し，軸方向鉄筋を引張弦材に，横方向鉄筋を鉛直材に，斜めひび割れ間のコンクリートを圧縮弦材と考え，ねじり耐力を算定する方法である．立体トラス理論の特徴は，ねじり作用によってねじり補強筋のまわりに一定なせん断流（shear flow）が生じると仮定し，中実断面（空間のない断面）を仮想の中空断面（空間のある断面）と考えて，薄肉断面のねじり理論[4]を適用していることにある（**図-8.6** 参照）．

第8章 ねじりを受ける部材の設計

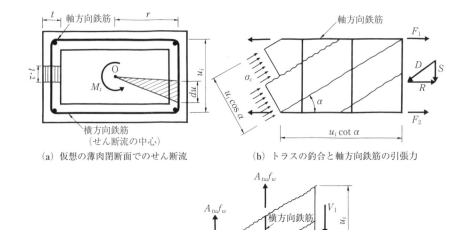

(a) 仮想の薄肉閉断面でのせん断流
(b) トラスの釣合と軸方向鉄筋の引張力
(c) せん断流によるせん断力V_iと横方向鉄筋の鉛直力

図-8.6 立体トラスの概念図

（1） 設計ねじり耐力

　長方形，円形および円環断面について，ねじり補強鉄筋がある場合の鉄筋コンクリート部材の純ねじり耐力の設計用値M_{tyd}は，式（8.4）により求められる．

$$M_{tyd} = \frac{2A_m \sqrt{q_w q_l}}{\gamma_b} \tag{8.4}$$

ここに，A_m：ねじり有効断面積（長方形断面：$b_0 d_0$，円形および円環断面：$\pi d_0^2/4$）

　　　　b_0：横方向鉄筋の短辺の長さ

　　　　d_0：長方形断面の場合は横方向鉄筋の長辺の長さで，円形および円環断面の場合は横方向鉄筋で取り囲まれているコンクリート断面の直径

　　　　$q_w = A_{tw} \cdot f_{wd}/s$

　　　　$q_l = \Sigma A_{tl} \cdot f_{ld}/u$

　　　　ΣA_{tl}：ねじり補強鉄筋として有効に作用する軸方向鉄筋の断面積

　　　　A_{tw}：ねじり補強鉄筋として有効に作用する横方向鉄筋1本の断面積

f_{ld}, f_{wd}：軸方向鉄筋および横方向鉄筋の設計降伏強度

s：ねじり補強鉄筋として有効に作用する横方向鉄筋の軸方向間隔

u：横方向鉄筋の中心線の長さ（長方形断面：$2(b_0+d_0)$，円形および円環断面：πd_0）

γ_b：一般に 1.3 としてよい

ただし，$q_w \geqq 1.25 q_l$ となる場合には $q_w = 1.25 q_l$ とし，$q_l \geqq 1.25 q_w$ となる場合には $q_l = 1.25 q_w$ とする

（2） 腹部コンクリートのねじりに対する設計斜め圧縮破壊耐力

鉄筋量が多い場合，鉄筋が降伏する前に，① コンクリートの圧縮斜材の圧壊や② 圧縮斜材の傾斜角が 45°から大きく外れることで過度にせん断変形が生じることによる破壊が起こる．これら腹部コンクリートの斜め圧縮破壊耐力 M_{tcud} については，せん断の場合と同様に最大ねじりせん断応力度を用いた次式で求めることができる．

$$M_{tucd} = \frac{K_t f_{wcd}}{\gamma_b} \tag{8.5}$$

ここに，$f_{wcd} = 1.25\sqrt{f'_{cd}}$ （N/mm²），ただし，$f_{wcd} = \leqq 7.8$ （N/mm²）

K_t：表-8.1 に示すねじり係数

γ_b：部材係数，一般に 1.3 としてよい

【例題 8.1】

例題図-8.1.1 のような長方形断面に，設計軸方向力 $N_d' = 250\,\text{kN}$ が作用した場合の設計ねじり耐力 M_{tud} を求める．

コンクリート設計基準強度：$f'_{ck} = 30\,\text{N/mm}^2$

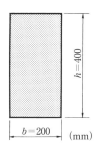

例題図-8.1.1

材料係数：$\gamma_c=1.3$

部材係数：$\gamma_b=1.3$

【解】

ねじり補強鉄筋のない場合の設計ねじり耐力 M_{tud} は，次式によって求められる．

$$M_{tud}=M_{tcd}$$

ここで，$M_{tcd}=\beta_{nt}\cdot K_t\cdot f_{td}/\gamma_b$：設計純ねじり耐力

K_t：表-8.1 に示したねじり係数

β_{nt}：軸方向圧縮力に関する係数

f_{td}：設計引張強度（$=0.23 f_{ck}^{2/3}/\gamma_c$）

∴ $f_{td}=0.23\times(30)^{2/3}/1.3=1.71$ N/mm²

γ_b：部材係数（$=1.3$）

(1) ねじり係数 K_t の計算

長方形断面の場合，最大ねじりせん断応力度の発生は長辺側であるから，**表-8.1** より，ねじり係数 K_t は，次のようになる．

$$K_t=b^2h/\eta^1=(0.2)^2\times 0.4/0.004 \text{ m}^3=4\times 10^6 \text{ mm}^3$$

$$\eta^1=3.1+[1.8/(h/b)]=3.1+[1.8/(0.4/0.2)]=4.0$$

(2) β_{nt} の計算

設計軸方向圧縮力 $N_d'=250$ kN であるから，作用平均圧縮応力度 σ_{nd}' は，

$$\sigma_{nd}'=N_d'/(bh)=250/(0.2\times 0.4)=3\,125 \text{ kN/m}^2$$

$$=3.125 \text{ N/mm}^2<75\,f_{td}=11.97 \text{ N/mm}^2$$

∴ $\beta_{nt}=\sqrt{1+\sigma_{nd}'/(1.5 f_{td})}$

$=\sqrt{1+3.125/(1.5\times 1.71)}=1.487$

(3) 設計ねじり耐力 M_{tud} の計算

$$M_{tud}=M_{tcd}=\beta_{nt}k_t f_{td}/\gamma_b=1.489\times(4\times 10^6)\times 1.71/1.3$$

$$=7.83\times 10^6 \text{ N}\cdot\text{mm}=7.83 \text{ kN}\cdot\text{m}$$

（答） 設計ねじり耐力 $M_{tud}=7.83$ kN·m

【例題 8.2】

例題図-8.2.1 に示すような，長方形断面のねじり補強鉄筋がある場合の設計ねじり耐力を求める．ただし，使用材料の特性値および部材係数は，下記のとおり

8.3 ねじり補強鉄筋を有する部材のねじり耐力

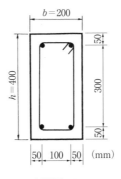

例題図-8.2.1

とする.

 コンクリート：$f'_{ck}=30\,\text{N/mm}^2,\ \gamma_c=1.3$
 軸 方 向 鉄 筋：D 19 を 4 本
 横 方 向 鉄 筋：閉合型スターラップ D 10 ctc 200
 軸方向および横方向鉄筋の設計降伏強度：$f_{td}=f_{wd}=345\,\text{N/mm}^2$（SD 345）

【解】

（1）腹部コンクリートのねじりに対する設計斜め圧縮破壊耐力 M_{tcud} の計算

$$M_{tcud}=K_t f_{wcd}/\gamma_b$$

ここに，$f_{wcd}=1.25\sqrt{f'_{cd}}$：設計斜め圧縮強度（N/mm²）

  ∴ $f_{wcd}=1.25\sqrt{f'_{ck}/\gamma_c}=1.25\times\sqrt{30/1.3}=6.00\,\text{N/mm}^2$

 K_t：表-8.1 に示すねじり係数で，例題 8.1 と同じ値

  ∴ $K_t=4\times 10^6\,\text{mm}^3$

これより，M_{tcud} は，

$$M_{tcud}=(4\times 10^6)\times 6.0/1.3=18.46\times 10^6\,\text{N}\cdot\text{mm}=18.46\,\text{kN}\cdot\text{m}$$

（2）設計ねじり耐力の計算

ねじり補強鉄筋がある場合の設計ねじり耐力 M_{tyd} は，式（8.4）より，

$$M_{tyd}=2A_m\sqrt{q_w q_l}/\gamma_b$$

ここで，$A_m=b_0 d_0$：ねじり有効面積
  $b_0,\ d_0$：横方向鉄筋の短辺および長辺の長さ

軸方向鉄筋には D 19（公称直径 19.1 mm），横方向鉄筋には D 10（公称直径

145

9.53 mm) が用いられているから

$$b_0 = 100 + 19.1 + 9.53 = 128.6 \text{ mm}$$

$$d_0 = 300 + 19.1 + 9.53 = 328.6 \text{ mm}$$

∴ $A_m = b_0 d_0 = 128.6 \times 328.6 = 42\,258 \text{ mm}^2$

$q_w = A_{tw} f_{wd}/s = 71.33 \times 345/200 = 123 \text{ N/mm}$

一方,$\Sigma A_{tl} = 4 \times D\,19 = 4 \times 286.5 = 1\,146 \text{ mm}^2$

$$f_{ld} = 345 \text{ N/mm}^2$$

$$u = 2(b_0 + d_0) = 2 \times (128.6 + 328.6) = 914.4 \text{ mm}$$

∴ $q_l = \Sigma A_{tl} \cdot f_{ed}/u = 1\,146 \times 345/914.4 = 432.3 \text{ N/mm}$

$q_w \geq 1.25\,q_l$ より,$q_w/q_l = 1.25 = 123/432.3 = 0.285 < 1.25$

$q_l \geq 1.25\,q_w$ より,$q_l/q_w = 1.25 = 432.3/123 = 3.515 \geq 1.25$

よって,$q_l \geq 1.25\,q_w$ を満足することより,

$$q_l = 1.25\,q_w = 1.25 \times 123 = 153.8 \text{ N/mm}$$

これより,ねじり補強鉄筋がある場合の設計ねじり耐力 M_{tyd} は,次のようになる.

$$M_{tyd} = \frac{2 A_m \sqrt{q_w q_l}}{\gamma_b} = \frac{2 \times 42\,258 \times \sqrt{123 \times 153.8}}{1.3}$$

$$= 8.94 \times 10^6 \text{ N} \cdot \text{mm} = 8.94 \text{ kN} \cdot \text{m}$$

以上の結果より,$M_{tcud} > M_{tyd}$ であるから,本例題における設計ねじり耐力としては,$M_{tyd} = 8.94 \text{ kN} \cdot \text{m}$ となる.

参考文献

1) 小阪・森出:鉄筋コンクリート構造,丸善,1975.
2) 宮崎修輔:鉄筋コンクリート終局強度理論の参考〔鉄筋コンクリート部材の諸性状(その7)—ねじり—〕,コンクリート・ライブラリー第34号,pp.60-74, 1972.8.
3) Thurlimann, B.: Torsional Strength of Reinforced and Prestressed Concrete Beams-CEB Approach, ACI SP-59/CEB Bulletin 113, pp.117-143, 1979.
4) 金多潔 監訳:チモシェンコ・グーディア弾性論,コロナ社,1999.

第9章　疲労に対する部材の設計

要　　点

（1）　小さな応力でも，これが繰り返したり，持続して作用するときに破壊することを疲労破壊と呼んでいる．

（2）　疲労荷重を受けるコンクリート構造物の疲労破壊は，静的荷重による破壊よりも小さい荷重で生じる．この種の破壊は，一般に断面に作用する繰返し応力（S）と破壊に達する繰返し回数（N）の関係で評価される．この疲労破壊を評価するSとNの関係をS-N線図という．

（3）　コンクリート構造物でこのような疲労が問題となるのは，主として次のような場合である．

① 橋梁などのように，車両の大型化によって，構造物に作用する活荷重成分が増大する場合．
② 交通量や列車運行回数の増加に伴って荷重の繰返し回数が増加する場合．
③ 海洋構造物のように，波による繰返し回数を受ける場合．

9.1 疲労限界状態に対する安全性の検討

9.1.1 一　般

　疲労破壊の強度や耐力は，静的破壊強度より小さく，**図-9.1**より，繰返し応力（断面力）Sと疲労破壊に達する繰返し回数Nの関係（S-N線図）で表される．

第9章 疲労に対する部材の設計

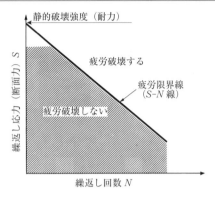

図-9.1 疲労破壊の概要（S-N 線図）

図に示すように，疲労破壊に達する繰返し回数 N は，一般に応力レベルが大きくなるほど小さくなる．

作用荷重の中で変動荷重の占める割合やその作用頻度が大きくなると，疲労に対する安全性の検討を行わなければならない．検討の対象となるのは，一般に繰返し引張応力を受ける鉄筋（鋼材）であるが，その他，コンクリート，せん断補強筋，および部材などがある．また，疲労限界状態に対する構造物の安全性を検討するには，以下のことを知る必要がある．

① 構造物に作用する繰返し変動荷重の大きさ（疲労荷重）や，作用頻度（繰返し回数）
② 安全性の照査方法（疲労損傷の評価法）
③ 鉄筋，コンクリート，PC 鋼材などの構成材料や部材の疲労寿命（例：S-N 線図）
④ 疲労荷重によって構造物に生ずる変動応力（断面力）の算定法（応答解析）

9.1.2 変動荷重の取扱い

一般に土木構造物が受ける荷重は，一定な荷重や規則的な繰返し荷重であることはほとんどなく，不規則に変動するランダム荷重である．このため実構造物に作用しているランダムな繰返し荷重を，まず独立した荷重の繰り返しに変換する必要がある．

土木構造物を対象とした変動荷重の評価方法としては，

9.1 疲労限界状態に対する安全性の検討

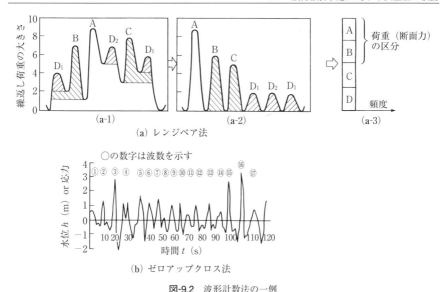

図-9.2 波形計数法の一例

- 主として鉄道橋の荷重評価に用いられているレンジペア法
- 主として海洋構造物の波荷重評価に用いられているゼロアップクロス法

とがある．

図-9.2(a) は，レンジペア法を模式的に示したもので，(a-1) のようなランダム荷重を (a-2) のような独立後 (断面力) の繰り返しに換算するものである．また，図 (b) は，ゼロアップクロス法の概要を示したもので，波が水位のゼロ線 (変動荷重では平均荷重) を正方向の勾配で横切る回数をもって波数とするものである．すなわち，橋梁などでは構造物に作用する断面力を，また海洋構造物などの場合には繰返し回数が対象となる．

9.1.3 安全性の検討方法

疲労限界状態に対する安全性の検討方法は，次の二通りに大別できる．

① 応力度あるいは断面力による方法
② 繰返し回数による方法

(1) 応力度あるいは断面力による安全性の検討

この方法は，橋梁などの構造物を対象とした場合に用いられるものである．ま

ず，目標とする耐用期間中に加わる繰返し回数 N を，たとえば 200 万回などと固定して考え，これに対応する疲労強度 f_{rd}（あるいは疲労耐力 R_{rd}）の大きさを疲労限界線（S-N 線図）から求める．そして，この疲労強度（疲労耐力）と，変動荷重によって構造物に生ずる変動応力 σ_r（あるいは変動断面力 S_r）とを比較して，安全性を検討する．

また，疲労荷重によって構造物に生ずる変動応力の算定（応答解析）には，一般に疲労荷重のレベルが小さいことから，弾性理論に基づく方法によってコンクリートや鉄筋の応力度を計算する．しかし，せん断破壊などのように，破壊機構が複雑で，理論的な方法によって部材の耐力や構成材料の応力度を求めるのが困難な場合もある．この場合には，繰返し載荷による内力の変化や，構造物全体の耐力評価によって安全性の検討を行うこととなる．

（変動応力による疲労限界状態の検討）

$$\gamma_i \cdot \sigma_{rd}/f_{rd} \leq 1.0 \tag{9.1}$$

ここに，$f_{rd}=f_{rk}/\gamma_m$：鉄筋コンクリート部材の構成材料であるコンクリートや鉄筋あるいは PC 鋼材の設計疲労強度

σ_{rd}：構成材料の設計変動応力

γ_i：構造物係数

f_{rk}：材料の疲労強度の特性値

γ_m：材料係数

（変動断面力による疲労限界状態の検討）

$$\gamma_i \cdot S_{rd}/R_{rd} \leq 1.0 \tag{9.2}$$

ここに，$R_{rd}=R_r(f_{rd})/\gamma_b$：断面の設計疲労耐力

$R_r(f_{rd})$：材料の設計疲労強度 f_{rd} を用いて求めた断面の疲労耐力

γ_b：部材係数

$S_{rd}=\gamma_a \cdot S_r(F_{rd})$：設計変動断面力

$S_r(F_{rd})$：設計変動荷重 F_{rd} を用いて求めた変動断面力

γ_a：構造解析係数

（2） 繰返し回数による安全性の検討

海洋構造物を対象とした場合には，繰り返される応力度（あるいは断面力）の大きさを固定して考え，これに対応する繰返し回数（疲労寿命）を S-N 関係か

ら求めておく．そして，この疲労寿命と，構造物が耐用期間中に受ける繰返し回数とを比較して安全性を検討するものである．このため疲労解析においては，構造物がどの程度の応力（あるいは断面力）を何回ぐらい受けるかの等価繰返し回数を算定し，構造物の疲労破壊を判定する．これがマイナー則による判定基準で，実構造物に作用するランダムな繰返し荷重下の疲労損傷を，実験室における一定振幅応力度下の疲労試験結果と結びつけるために考え出されたものである．

マイナー則[1]とは，疲労の蓄積による被害則（累積損傷理論）で，任意の大きさの断面力（あるいは応力）（$i=1, 2, \cdots, m$）の一定繰返し断面力（あるいは応力）による疲労寿命が，それぞれ N_i ($i=1, 2, \cdots, m$) であるとき，実際に作用する断面力 S_{ri}（あるいは応力 σ_{ri}）の繰返し回数が n_i であれば，S_{ri}（あるいは σ_{ri}）による疲労損傷は n_i/N_i となる．その結果，すべての S_{ri}（あるいは σ_{ri}）($i=1, 2, \cdots, m$) による累積疲労損傷が1になったとき疲労破壊を生じる，とするものである．したがって，設計では，構造物係数 γ_i を考慮して，次式が成立するときを安全と判断する．

$$M = \Sigma R_i = \Sigma \gamma_i \left(\frac{n_i}{N_i}\right) \leq 1 \tag{9.3}$$

ここに，M：疲労損傷度（累積繰返し回数比，あるいはマイナーの和）
　　　　R_i：i 番目の作用断面力（または作用応力度）での繰返し回数比
　　　　n_i：i 番目の作用断面力（または応力度）における繰返し回数
　　　　N_i：S-N線図から求められる i 番目の断面力（あるいは応力度）における疲労寿命
　　　　γ_i：構造物係数

9.2　コンクリートおよび鉄筋の疲労強度

9.2.1　コンクリートの疲労強度

一定応力の繰り返しによるコンクリートの疲労強度は，縦軸に応力または応力比（載荷応力と静的強度の比）をとり，横軸に破壊までの繰返し回数 N を対数目盛でプロットする．この破壊までの繰返し回数は疲労寿命と呼ばれ，次式のよ

第9章 疲労に対する部材の設計

うなS-N線式が用いられている．

$$S_{\max} - S_{\min} = f_r = f_k \left(1 - \frac{S_{\min}}{f_k}\right)\left(1 - \frac{\log N}{K}\right) \tag{9.4}$$

ここに，$S_{\max}$：上限応力

$S_{\min}$：下限応力

f_k：静的強度

K：S-N線図の勾配に関する定数

上式に示されるように，コンクリートの疲労強度は，主として応力振幅の影響を受けることとなるが，これ以外にコンクリートの種類，環境条件（特に湿度条件）や曲げ応力の程度によっても異なる．このため，水路構造物や海洋構造物などの設計に際しては，コンクリートが常に湿潤状態において繰り返しを受けるので，疲労強度の低下（**図-9.3**[2)]参照）を考慮することが必要となる．

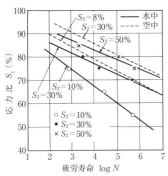

S_1，S_2：圧縮強度に対する繰り返し応力の最大，最少応力比

図-9.3 水中疲労強度[2)]

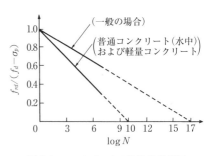

図-9.4 コンクリートの設計S-N線図

一般には，式（9.4）の静的強度f_kの代わりに，コンクリートの圧縮，曲げ圧縮，引張りおよび曲げ引張りの設計強度f_dを用いて，既往の疲労試験結果より，生存確率が95%になるようにKの値を求めている．この結果は，**図-9.4**に示すように，コンクリートの種類や含水状態を考慮した設計疲労強度f_{rd}として，次式を用いる．

9.2 コンクリートおよび鉄筋の疲労強度

$$f_{rd} = k_1 f_d \left(1 - \frac{\sigma_p}{f_d}\right)\left(1 - \frac{\log N}{K}\right) \tag{9.5}$$

ただし，$N \leqq 2 \times 10^6$

ここに，f_d：コンクリートのそれぞれの設計強度（$=f'_{ck}/\gamma_c=f'_{ck}/1.3$）（N/mm^2）

ただし，$f_d \leqq f'_{ck}/\gamma_c = 50/1.3$（N/mm^2）

K：普通コンクリートで継続してあるいはしばしば水で飽和される場合，および軽量骨材コンクリートの場合は K を 10 とする．その他の場合は，K を 17 とする

$k_1 = 0.85$：（圧縮および曲げ圧縮の場合）

　　$= 1.0$：（引張りおよび曲げ引張りの場合）

σ_p：永久荷重によるコンクリートの強度．ただし，交番荷重を受ける場合には，一般に 0 とする

9.2.2 鉄筋の疲労強度

鋼材の疲労強度は，コンクリートの場合と同様，応力振幅の大きさや最小応力の影響を受ける．また，異形鉄筋のようにふしがある場合の疲労強度は，丸鋼の場合より小さくなる．これはふし周辺の応力集中によるものである．また，鉄筋の疲労強度は，ふしなどの表面形状のほかに，鉄筋径や曲げ加工および溶接などの影響も受ける．

S-N 関係は，コンクリートが片対数のグラフでの直線式を用いるのに対して，鋼材の疲労振幅強度 f_{sr} と疲労寿命 N とが両対数グラフ上での直線式で表すことが多い．示方書では，鋼材の疲労強度を試験によって定めることを原則としているが，比較的実験データの蓄積がなされている異形鉄筋について，次式のような設計疲労強度 f_{srd} を用いることとしている．

$$f_{srd} = 190 \frac{10^\alpha}{N^k} \left(1 - \frac{\sigma_{sp}}{f_{ud}}\right) \Big/ \gamma_s \tag{9.6}$$

ここに，σ_{sp}：鉄筋に作用する最小応力度（永久荷重による鉄筋の応力度）

f_{ud}：鉄筋の設計引張強度（$f_{uk}/\gamma_s = f_{uk}/1.05$）（N/mm^2）

N：疲労寿命 $\leqq 2 \times 10^6$

$\alpha = k_{0f}(0.81 - 0.003\phi)$，$k = 0.12$

ϕ：鉄筋直径（呼び径 mm）

k_{0f}：鉄筋のふしの形状に関する係数で，一般に 1.0 としてよい

ただし，ふしの根元に円弧のないもので，ふしと鉄筋軸とのなす角度が 60°未満の場合：$k_0 = 1.05$ とする．また，ふしの根元に円弧がある場合：$k_0 = 1.10$ とする

γ_s：鉄筋に対する材料係数で，一般に 1.05 としてよい．

上式は，破壊までの繰返し回数が 200 万回程度の実験データに基づいたもので，疲労寿命が 200 万回以上の場合になると k の値は小さくなる[3]．また，① ガス圧接部の設計強度は，一般に母材の 70％とし，② 溶接により組立てを行う鉄筋および折曲げ鉄筋の設計疲労強度は，母材の場合の 50％としてよい．

9.3 鉄筋コンクリートはりの曲げ疲労

鉄筋コンクリートはりが，曲げモーメントの繰り返しによって破壊する場合を曲げ疲労破壊という．はりの曲げ疲労破壊は，その構成材料である鉄筋か，あるいはコンクリートの疲労破壊によって生じる．そして，鉄筋やコンクリートの疲労強度は，9.2 で述べたように，鉄筋あるいはコンクリートが受ける応力の大きさに左右される．したがって，部材に作用する疲労荷重（変動荷重）の大きさがわかれば，この荷重によって部材に生じる応力度（あるいは断面力）を求めることができる．ここでは，弾性理論を用いて鉄筋やコンクリートの応力度を計算する方法を示す．

(1) 引張鉄筋の疲労破断に対する安全性の検討

図-9.5 に示すような単鉄筋長方形断面のはりに，設計疲労荷重による曲げモーメント M_{rd} が作用した場合，引張鉄筋の応力度 σ_{srd} は，次式のようになる．

$$\sigma_{srd} = \frac{M_{rd}}{A_s z} \tag{9.7}$$

ここに，A_s：引張鉄筋の断面積，$z = d - x/3$

x：圧縮縁から中立軸までの位置

これより，鉄筋の設計疲労強度 f_{srd} が式 (9.6) で与えられるから，曲げ疲労に対する安全性の検討は，式 (9.1) で行う．

9.3 鉄筋コンクリートはりの曲げ疲労

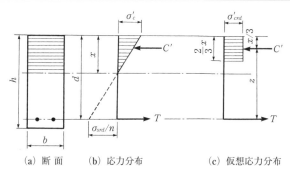

図-9.5 曲げ疲労荷重下における単鉄筋長方形断面の応力分布

曲げ疲労に対する安全性の検討を断面力によって行う場合は，以下のようにする．まず，断面の疲労耐力 M_{srd} を求める．これには，式 (9.7) の σ_{srd} の代わりに引張鉄筋の設計疲労強度 f_{srd} を用い，部材係数 γ_b を考慮すればよい．

すなわち，M_{srd} は次式のようになる．

$$M_{srd} = \frac{A_s f_{srd} z}{\gamma_b} \tag{9.8}$$

ここに，γ_b：部材係数，一般に 1.0 〜 1.1 とする

これより，式 (9.2) の断面力による疲労限界状態の検討式を用いて，

$$\gamma_i \cdot M_{rd}/M_{srd} \leq 1.0 \tag{9.9}$$

ここに，$M_{rd} = \gamma_a M_r(F_{rd})$：設計疲労荷重による設計曲げモーメント

γ_a：構造物解析係数，一般に 1.0 としてよい

（2） コンクリートの曲げ圧縮疲労破壊に対する安全性の検討

鉄筋コンクリートはりが圧縮側コンクリートの疲労によって破壊する場合，引張鉄筋の疲労破壊の検討とは異なり，部材圧縮側の応力勾配（応力分布形状）に注意する必要がある．変動荷重によるコンクリートの曲げ応力度は，弾性理論に基づいて算定した三角形応力度分布の合力位置と同位置に合力位置がくるようにした矩形応力分布の応力度として考えてよい．

図-9.5 より，弾性理論によって求められた三角形の応力分布を仮想の矩形応力分布に置き換えて考える．図に示すように，合力位置が同じとする圧縮側コンクリートの圧縮力 C' は，

第9章　疲労に対する部材の設計

$$\text{三角形の応力分布の場合}: C' = \frac{\sigma'_c bx}{2} \tag{9.10}$$

$$\text{矩形の応力分布の場合}: C' = \sigma'_{crd} b \frac{2}{3} x \tag{9.11}$$

これより，矩形応力分布に対する応力度 σ'_{crd} は，上式を等しいとおいて，

$$\sigma'_{crd} = \frac{3\sigma'_c}{4} \tag{9.12}$$

一方，設計疲労荷重による曲げモーメント M_{rd} が作用した場合の圧縮縁のコンクリートの応力度 σ'_c は，引張鉄筋の応力度 σ_{srd} を求めた場合と同様にして求められる．すなわち，単鉄筋長方形断面の場合，$M_{rd} = C'_z$ より，

$$\sigma'_c = \frac{2M_{rd}}{bxz}$$

$$\therefore \sigma'_{crd} = \frac{3M_{rd}}{2bxz} \tag{9.13}$$

よって，コンクリートの曲げ圧縮疲労破壊に対する安全性は，応力度による疲労限界状態の検討式（9.1）を用いて評価すればよい．

また，コンクリートの曲げ圧縮疲労破壊に対する安全性は，断面力によっても検討することができる．これは，引張鉄筋に対する断面力による検討で述べたように，コンクリートの設計圧縮疲労強度 f_{crd} から断面の設計疲労耐力 M_{crd} を求めて，設計疲労荷重による曲げモーメント M_{rd} と比較するものである．

9.4　鉄筋コンクリートはりのせん断疲労

（1）　せん断補強鉄筋のない部材のせん断疲労耐力

せん断力の作用を受ける鉄筋コンクリート部材は，破壊機構が複雑なため，現在のところ，曲げモーメント作用下における応力の算定法のようにして，鉄筋やコンクリートの応力度を求めるのが困難な状況にある．このため疲労荷重によって棒部材がせん断破壊する場合の安全性の検討は，構造物全体の疲労破壊耐力の評価によって行うこととなる．

せん断補強鉄筋のない棒部材の設計せん断疲労耐力 V_{rcd} は，次式で評価される．

156

9.4 鉄筋コンクリートはりのせん断疲労

$$V_{rcd} = V_{cd}\left(1 - \frac{V_{pd}}{V_{cd}}\right)\left(1 - \frac{\log N}{11}\right) \quad (9.14)$$

ここに，V_{rcd}：せん断補強鉄筋のない棒部材の設計せん断疲労耐力

　　　　V_{rd}：終局限界状態で用いられるせん断補強鉄筋のない棒部材の設計せん断耐力（第7章参照）

　　　　V_{pd}：永久荷重によるせん断耐力の設計用値

　　　　N：疲労寿命

(2) せん断補強鉄筋を有する部材のせん断疲労耐力

　せん断補強鉄筋を有する鉄筋コンクリートはりは，疲労荷重のような変動荷重の繰り返しを受けると，静的な耐力値より低い荷重で，せん断補強鉄筋の疲労破断によってせん断破壊を起こすことがある[4),5)]．したがって，せん断補強鉄筋を有する棒部材の疲労限界状態に対する安全性の検討は，まず疲労荷重下におけるせん断補強鉄筋の応力度を求め，これと鉄筋の設計疲労強度を比較する．つまり，式（9.1）に示した応力度による疲労限界状態の検討式を用いる．

　永久荷重 V_p と，変動荷重 V_r によるせん断鉄筋の応力度，そして，永久荷重によるせん断補強鉄筋の応力度 σ_{wpd} および変動荷重によるせん断補強鉄筋の応力度 σ_{wrd} は，**図-9.6** に示す関係と，トラス理論によるせん断補強鉄筋の応力度の関係を用いて求めることができる．

　コンクリートが負担するせん断力 V_{cd} の割合は，繰返し回数の増加とともに減少する．上田・岡村[5)]によれば，$N=100$ 万回では約50%減少することが報告されている．この減少割合を k_2 とすれば，コンクリートの分担せん断力は，**図-9.6** 中の破線で示したように，$k_2 V_{cd}$ となる．

$$V_{md} = V_{pd} + V_{rd} = V_{wd} + k_2 V_{cd}$$

$$\therefore \quad V_{md} = k_2 V_{cd} + \frac{A_w \sigma_{wmd}(\sin\alpha + \cos\alpha)z}{s} \quad (9.15)$$

　　　　（ただし，$\sigma_{wmd} = \sigma_{wpd} / \sigma_{wrd}$）

ここで，V_{wd}：トラス作用によって受け持たれるせん断力

　　　　k_2：一般に 0.5 としてよい

　このため，せん断補強鉄筋の応力度が増加する．**図-9.6** より，100万回以上の繰返し載荷を受けた後のせん断補強鉄筋に生じる応力度 σ_{wmd} と変動荷重による

第9章 疲労に対する部材の設計

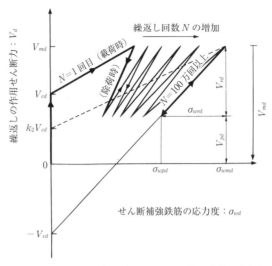

図-9.6 繰返しせん断力 V_d 作用下のせん断補強鉄筋の応力度 σ_{wd} の関係の概略

作用せん断力 V_{md} との関係は，除荷時には常に定点 $(-V_{cd}, 0)$ を直線的に目指し，再載荷時にも同一経路をたどるようになる．このことより，変動荷重 V_{rd} および永久荷重 V_{pd} によるせん断補強鉄筋の応力度 σ_{wrd} と σ_{wpd} は，それぞれ次のような関係になる．

$$\sigma_{wrd} = \frac{V_{rd}}{(V_{md} + V_{cd})} \sigma_{wmd} \tag{9.16}$$

$$\sigma_{wpd} = \frac{(V_{pd} + V_{cd})}{(V_{md} + V_{cd})} \sigma_{wmd} \tag{9.17}$$

よって，式 (9.15)，式 (9.16)，式 (9.17) より，変動荷重 V_{rd} および永久荷重 V_{pd} によるせん断補強鉄筋の応力度は，それぞれ次式のようになる．

$$\sigma_{wrd} = \frac{(V_{pd} + V_{rd} - k_2 V_{cd})s}{A_w z (\sin \alpha_s + \cos \alpha_s)} \cdot \frac{V_{rd}}{V_{pd} + V_{rd} + V_{cd}} \tag{9.18}$$

$$\sigma_{wpd} = \frac{(V_{pd} + V_{rd} - k_2 V_{cd})s}{A_w z (\sin \alpha_s + \cos \alpha_s)} \cdot \frac{V_{pd} + V_{cd}}{V_{pd} + V_{rd} + V_{cd}} \tag{9.19}$$

ここに，σ_{wrd}：変動荷重によるせん断補強鉄筋の応力度

σ_{wpd}：永久荷重によるせん断補強鉄筋の応力度

V_{pd}：永久荷重による設計せん断力

V_{rd}：変動荷重による設計せん断力

V_{cd}：せん断補強鉄筋のない棒部材の斜めひび割れ発生時の設計せん断耐力

A_w：一組のせん断補強鉄筋の断面積

k_2：変動荷重の頻度の影響を考慮するための係数で，一般に 0.5 としてよい

z：応力中心距離

s：せん断補強鉄筋の間隔

α_s：せん断補強鉄筋と部材軸とのなす角度

参考文献

1) 石橋・児島・阪出・松下：コンクリート構造物の耐久性シリーズ，疲労，技報堂出版，1987．
2) 松下博通：水中におけるコンクリートの圧縮疲労強度に関する研究，土木学会論文報告集，No.296, pp.87-95, 1980．
3) Hanson, J. M. et al.：Investigation of Design Factors Affecting Fatigue Strength of Reinforcing Bars, ACI SP-41, pp.71-107, 1974.
4) Okamura, H., Farghaly, S. A. and Ueda, T.：Behaviors of Reinforced Concrete Beams with Stirrups Failing in Shear under Fatigue Loading, proc. JSCE, No.308, 1981.
5) 上田・岡村：疲労荷重下のスターラップの挙動，コンクリート工学，Vol.19, No.5, pp.101-116, 1981．

第10章　環境作用に対する部材の設計

要　　点

（1）　鉄筋コンクリート構造物の耐久性に影響を及ぼす劣化要因には，塩害および中性化による鋼材腐食と凍害および化学的侵食によるコンクリートの劣化によるものがある．
（2）　「鋼材腐食に対するひび割れ幅の限界値」は，鋼材の種類ごと，環境条件ごとに定められており，コンクリート表面のひび割れ幅は，この限界値以下でなければならない．
（3）　鋼材腐食に対する検討は，設計耐用期間中において，鋼材位置における塩化物イオン濃度が，鋼材腐食発生限界濃度に達しないこと，中性化深さが鋼材腐食発生限界深さに達しないことによって行う．
（4）　凍害に対する耐久性の検討は，気象条件ごとに定められた相対動弾性係数の最小限界値と凍結融解試験による相対動弾性係数との比に構造物係数を乗じた値が1.0以下であることを確かめることによって行う．
（5）　化学的侵食に対する耐久性の検討は，化学的侵食深さの設計値とかぶりとの比に構造物係数を乗じた値が1.0以下であることを確かめることによって行う．

10.1　環境作用に関する概説

鉄筋コンクリート構造物が設計耐用期間にわたり安全性，使用性および耐震性

を保持するためには，環境作用によって構造物中の材料劣化による不具合を生じさせないように設計すること，あるいは材料劣化が生じた場合においても構造物の性能の低下を生じない軽微な範囲にとどまるように設計することが重要である．そのためには，環境作用によって材料劣化を引き起こす劣化因子を理解し，設計に反映させることが必要である．材料劣化の種類は，大きく分類すると鋼材（鉄筋）の腐食とコンクリートの劣化があり，主に前者の劣化因子は塩害および中性化によって，後者の劣化因子は凍害，化学的侵食などによって単独で作用する場合と複数の因子が複合して作用する場合がある．現時点では，複合作用の影響を考慮した照査技術は確立されていないため，個々の因子に対して性能照査が行われている．しかし，複合作用を受ける場合には，単独作用の場合に比べ，劣化の進行が速いことが知られており，その影響が大きい場合には安全係数を大きくとるなどの対応が必要である．

本章では，塩害および中性化による鋼材腐食と凍害および化学的侵食によるコンクリートの劣化について，劣化を生じさせる原因と各因子に対する設計における検討方法について述べている．

10.2 鋼材腐食に対する検討

10.2.1 鋼材腐食に対するひび割れ幅の照査

一般に，コンクリート構造物に発生するひび割れは，鋼材の腐食による耐久性の低下，水密性・機密性等の機能の低下，過大な変形および美観の低下などの原因となる．したがって，ひび割れが原因となって，構造物が必要とされる性能を損なわないことを検討しなければならない．一般に，鋼材の腐食に対するひび割れ幅の検討として，コンクリート構造物の使用状態において発生するひび割れ幅（5.3参照）が，鋼材（鉄筋）の腐食に対するひび割れ幅の限界値を超えないことによって，設計耐用期間中に所要の性能が損なわれないことの確認を行っている．2012年制定 コンクリート標準示方書［設計編］では，鋼材腐食に対するひび割れ幅の限界値を鉄筋コンクリートの場合，$0.005\,c$（c はかぶり）とし，上限を$0.5\,\mathrm{mm}$としている．ここで注意しなければならないことは，このひび割れ幅の

限界値は，鋼材の腐食が進行する危険性に対して最低限制御すべきひび割れ幅の値であって，ひび割れ幅がこの値さえ満足していれば，鋼材の腐食が進行しないことを意味するものではない．

【例題 10.1】

例題図-10.1.1 の断面をもつ鉄筋コンクリート部材に発生する曲げひび割れ幅を求め，限界値 w_a に対する照査をせよ．ただし，各条件は以下の通りとする．

コンクリートの設計圧縮強度：$f'_{cd} = 30\ \text{N/mm}^2$

鉄筋のヤング係数：$E_s = 200\ \text{kN/mm}^2$

鉄筋位置のコンクリート応力度が 0 の状態からの鉄筋応力度の増加量：$\sigma_{se} = 120\ \text{N/mm}^2$

コンクリートの収縮およびクリープ等によるひび割れ幅の増加を考慮するための数値：$\varepsilon'_{csd} = 150 \times 10^{-6}$（**表**-5.1 参照）

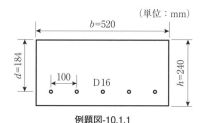

例題図-10.1.1

【解】

かぶりの計算

$$c = h - d - \frac{\phi}{2} = 240 - 184 - \frac{16}{2} = 48\ \text{mm}$$

曲げひび割れの幅は，式（5.46）より，

$$w = 1.1 k_1 \cdot k_2 \cdot k_3 \{4c + 0.7(c_s - \phi)\} \left[\frac{\sigma_{se}}{E_s} + \varepsilon'_{csd} \right]$$

$$w = 1.1 \times 1.0 \times 1.0 \times 1.0 \{4 \times 48 + 0.7(100 - 16)\} \left[\frac{120}{200\,000} + 0.00015 \right]$$

$$= 0.207\ \text{mm}$$

ここに，k_1：異形鉄筋の場合は 1.0

f'_c：設計圧縮強度（N/mm^2）30 N/mm^2

k_2：$k_2 = 15/(f'_c + 20) + 0.7 = 1.0$

n：引張鋼材の段数 1 段　$n = 1$

$k_3 : k_3 = 5(n+2)/(7n+8) = 1$

ひび割れ幅の照査

$w_a = 0.005c = 0.005 \times 48 = 0.24$ mm より $w_a > w$

よって，当該断面は，ひび割れ幅の限界値を満足する．

10.2.2　塩害に対する照査

　健全なコンクリート中の細孔溶液のpHは12〜13の強アルカリ性であるため，内部の鋼材の表面には不動態被膜が形成され，さびない状態になっている．しかし，海水や凍結防止剤などの塩化物イオン（Cl^-）が浸透し，この塩化物イオンの濃度が，鋼材位置において1.2〜2.4 kg/m³に達すると，鋼材の不動態被膜は破壊され腐食がはじまることが実環境での曝露実験から分かっている[1]．この腐食反応は，鋼材表面から鉄イオン（Fe^{2+}）が細孔溶液中に溶け出すアノード反応と鉄イオンが鋼材中に残した電子（e^-）が酸素と水と反応するカソード反応とが生じている．アノード反応によって溶け出したFe^{2+}がカソード反応により生成したOH^-と反応することにより水酸化第一鉄（$Fe(OH)_2$），つまりさびを生成する（図-10.1参照）．この腐食部の鋼材は体積膨張（約2〜4倍）を起こし，コンクリート表面にひび割れや剥離を生じさせる．鋼材の腐食が進めば，鋼材の健全な断面は減少するため，構造物の耐荷性能が低下し，要求される性能を満たすことができなくなることもある．

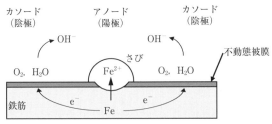

アノード反応：$Fe \rightarrow Fe^{2+} + 2e^-$
カソード反応：$1/2\, O_2 + H_2O + 2e^- \rightarrow 2OH^-$

図-10.1　鋼材の腐食反応の模式図[2]

　アノード反応やカソード反応は鋼材の同位置で起きており，これはマクロセル

の腐食反応と言われ，中性化における鋼材の腐食も同様である．しかし，塩化物イオンが腐食に関係する場合には，これらの反応は，更に離れた位置でも起きていると考えられている．写真-10.1に示すように，塩害による鋼材の腐食は，一様に平均的に進行するものではなく，孔食と呼ばれる部分的に激しく腐食し断面欠損の大きい箇所が形成される場合がある．また，塩化物イオンが外部より浸透する場合，一般的には表層部においてその濃度は高くなるが，中性化が進行している場合は，表層部よりも内部に塩化物イオンが移動・濃縮することで，鉄筋の腐食に影響を及ぼすこともある．写真-10.2は，塩害により鋼材腐食が進行した構造物の一例である．

写真-10.1 鋼材の孔食状況

写真-10.2 塩害により鋼材腐食が進行した鉄筋コンクリート建築物

塩害の照査においては，塩化物イオンの侵入によって鋼材が腐食し，腐食生成物の体積膨張がコンクリートにひび割れや剥離，鉄筋断面の減少を引き起こすことによって，構造物が所要の性能以上であることを確認する必要がある．コンクリート標準示方書では，鋼材位置における塩化物イオン濃度の設計値 C_d が鋼材腐食発生限界濃度 C_{lim} 以下であることを式（10.1）を用いて確かめてよいとしている．

第 10 章 環境作用に対する部材の設計

$$\gamma_i \frac{C_d}{C_{\lim}} \leq 1.0 \tag{10.1}$$

ここに，γ_i：構造物係数．一般に 1.0，重要構造物は 1.1

$C_{\lim}$：鋼材腐食発生限界濃度

実測・試験結果を参考に定める．それによらない場合，一般に最新の示方書などの技術規準の値を用いて良い．

2012 年制定 コンクリート標準示方書では，普通ポルトランドセメントを用いた場合 $C_{\lim}=-3.0(W/C)+3.4$

高炉セメント B 種相当，フライアッシュセメント B 種相当を用いた場合 $C_{\lim}=-2.6(W/C)+3.1$

c_d：鋼材位置における塩化物イオン濃度の設計値

ここで，耐用年数時点の鋼材位置における塩化物イオン濃度の予測式としては，拡散理論に基づくものを用いるのが一般的であり，式（10.2）に示すフィックの拡散方程式から得られる理論解によって推定している．なお，フィックの拡散方程式は，偏微分方程式として表される．

$$\frac{\partial c}{\partial t} = D \cdot \frac{\partial^2 c}{\partial x^2} \tag{10.2}$$

ここに，C：全塩化物イオン濃度

x：位置

t：経過時間

D：見掛けの拡散係数

このフィックの拡散方程式は初期値，境界条件により様々な理論解が与えられており，その代表として広く用いられているのが「フィックの拡散方程式の解」と呼ばれる以下の式（10.3）である．

$$\frac{C}{C_o} = 1 - \mathrm{erf}\left(\frac{x}{2\sqrt{D \cdot t}}\right) \tag{10.3}$$

ここに，C_o：表面塩化物イオン濃度（kg/m^3）

$\mathrm{erf}(s) = \frac{2}{\sqrt{\pi}} \int_0^s e^{-\eta^2} d\eta$：誤差関数

式（10.3）は，ある一つの初期値，境界条件の下における理論解であり，見掛

10.2 鋼材腐食に対する検討

けの拡散係数（D）が時間および位置に対して一定，かつ表面塩化物イオン濃度（C_o）が時間に対して一定さらにコンクリートが半無限体である場合の理論解である．コンクリート標準示方書では，塩化物イオンの侵入に対する耐用年数時点の鋼材位置における塩化物イオン濃度の設計値 C_d を，式（10.3）に示すフィックの拡散方程式の解をもとにして推定した式（10.4）を用いてよいこととしている．かぶりコンクリートに曲げひび割れが生じている場合は，そのひび割れ幅やコンクリートの緻密さ等によって塩化物イオンの侵入の不均一性は様々である．ここでは，ひび割れの影響を平均化して考慮することにより，塩化物イオンの侵入を鋼材軸方向に均一な現象とみなして，鋼材腐食の発生限界を判定しても工学上不都合は生じないと考えられる．そこで，ひび割れ幅が限界値以下に抑えられた場合には，まず，コンクリートの品質とひび割れの影響を考慮した式（10.5）により拡散係数を評価したうえで，式（10.4）を用いて鋼材位置における塩化物イオン濃度の設計値を推定している．

$$C_d = \gamma_{cl} \cdot C_o \left(1 - \mathrm{erf} \left(\frac{0.1 \cdot c_d}{2\sqrt{D_d \cdot t}} \right) \right) + C_i \tag{10.4}$$

ここに，C_o：コンクリート表層における想定塩化物イオン濃度（kg/m³）

　　　　　表-10.1 に示された値を用いてよい．

　　　c_d：耐久性の検討に用いるかぶりの設計値（mm）

　　　　　$c_d = c - \Delta c_e$

　　　C：かぶり（mm）

　　　Δc_e：施工誤差（柱，橋脚は ±15 mm，はりは ±10 mm，スラブは ±5 mm）

　　　t：塩化物イオンの侵入に対する耐用年数（年）．100 年を上限とする

　　　γ_{cl}：鋼材位置における塩化物イオン濃度の設計値 c_d のばらつきを考慮した安全係数．一般の場合は 1.3，高流動コンクリートを用いる場合 1.1

　　　D_d：塩化物イオンに対する設計拡散係数（cm²/年）

$$D_d = \gamma_c \cdot D_k + \lambda \cdot \left(\frac{w}{l} \right) \cdot D_o \tag{10.5}$$

ここに，γ_c：コンクリートの材料係数

　　　　　一般に 1.0，上面の部位に関しては 1.3

D_k：コンクリートの塩化物イオンに対する拡散係数の特性値（cm²/年）

　普通ポルトランドセメントを使用する場合

$D_k = 10^{3.0(W/C)-1.8}$　（$0.30 \leq W/C \leq 0.55$）

　高炉セメントやシリカフュームを使用する場合

$D_k = 10^{3.2(W/B)-2.4}$　（$0.30 \leq W/C \leq 0.55$）

λ：ひび割れの存在が拡散係数に及ぼす影響を表す係数．一般に1.5

W：単位体積あたりの水の質量（kg/m³）

C：単位体積あたりのセメントの質量（kg/m³）

D_o：コンクリート中の塩化物イオンの移動に及ぼすひび割れの影響を表す定数（cm²/年）．一般に400 cm²/年

w/l：ひび割れ幅とひび割れ間隔の比

$$\frac{w}{l} = \left(\frac{\sigma_{se}}{E_s} \left(\text{or } \frac{\sigma_{pe}}{E_p} \right) + \varepsilon'_{csd} \right) \tag{10.16}$$

σ_{se}：σ_{pe}：鋼材位置のコンクリートの応力度が0の状態からの鉄筋またはPC鋼材の応力度の増加量（N/mm²）

E_s：E_p：鉄筋またはPC鋼材のヤング係数 200（kN/mm²）

ε'_{csd}：コンクリートの収縮およびクリープ等によるひび割れ幅の増加を考慮するための数値（**表-5.1**参照）．

表-10.1 コンクリート表面塩化物イオン濃度 C_o (kg/m³) [1]

地域区分		飛沫帯	海岸からの距離（km）				
			汀線付近	0.1	0.25	0.5	1.0
飛来塩分が多い地域	北海道，東北，北陸，沖縄	13.0	9.0	4.5	3.0	2.0	1.5
飛来塩分が少ない地域	関東，東海，近畿，中国，四国，九州		4.5	2.5	2.0	1.5	1.0

なお，環境が特に厳しい場合や，腐食を許容できない場合は，拡散係数の小さいコンクリートを用い，かつかぶりを大きくしても，この照査に合格することが困難な場合がある．このような場合には，防錆処置を施した補強材（エポキシ樹脂塗装鉄筋やステンレス鉄筋など）の使用や，塩分の侵入を防ぐコンクリートの

10.2 鋼材腐食に対する検討

表面被覆，あるいは腐食の発生を防止するための電気化学的手法（電気防食法）を用いて腐食を発生させないなどの対策を行う方が経済的となることがある．

【例題 10.2】

海岸より 250 m の飛来塩分が多い位置（腐食性環境）に橋梁を建設する．この橋梁のはりにおける 50 年後の下側鉄筋位置における塩化物イオン濃度を求めよ．ただし，床版の断面などは**例題 10.1** と同一とし，セメントの種類は普通ポルトランドセメント，水セメント比は 55% とする．なお，誤差関数 erf(s) は，以下の近似式を用いること．

$$\mathrm{erf}(s) \fallingdotseq 1 - \frac{1}{(1+0.278393s+0.230389s^2+0.000972s^2+0.078108s^4)^4}$$

【解】

鋼材位置における塩化物イオン濃度の設計値は式 (10.4) を用いて求める．各項目の値は以下のようになる．

鋼材位置における塩化物イオン濃度の設計値 C_d のばらつきを考慮した安全係数 $\gamma_{cl} = 1.3$

コンクリート表層における想定塩化物イオン濃度 (kg/m³) $C_o = 3.0$（**表-10.1** より）

耐久性の検討に用いるかぶりの設計値 (mm) $c_d = c - \Delta c_e = 48 - 10 = 38$ mm

塩化物イオンの侵入に対する耐用年数（年）$t = 50$

塩化物イオンに対する設計拡散係数 (cm²/年) D_d

コンクリートの材料係数 $\gamma_c = 1.0$

コンクリートの塩化物イオンに対する拡散係数の特性値 (cm²/年) D_k

$$D_k = 10^{3.0(0.55)-1.8} = 0.708$$

ひび割れ幅とひび割れ間隔の比ひび割れ幅 w/l

$$\frac{w}{l} = \left(\frac{120}{200\,000} + 150 \times 10^{-6}\right) = 0.00075$$

ひび割れ幅の限界値 (mm) $w_a = 0.005\,c = 0.005 \times 48 = 0.24$

コンクリート中の塩化物イオンの移動に及ぼすひび割れの影響を表す定数 (cm²/年)．$D_o = 400$

塩化物イオンに対する設計拡散係数 (cm²/年)
$$D_d = 1.0 \times 0.708 + 1.5 \times 0.00075 \times 400 = 1.158$$
したがって，式 (10.4) より，
$$C_d = 1.3 \times 3.0 \left(1 - \mathrm{erf}\left(\frac{0.1 \times 38}{2\sqrt{1.158 \times 50}}\right)\right) = 2.82 (\mathrm{kg/m^3})$$

なお，構造物係数 $\gamma_i = 1.0$，鋼材腐食発生限界濃度 C_lim は普通ポルトランドセメントを使用していることから，
$$C_\mathrm{lim} = -3.0(W/C) + 3.4$$
$$= -3.0(0.55) + 3.4 = 1.75 (\mathrm{kg/m^3})$$
したがって，このはりは，
$$\gamma_i \frac{C_d}{C_\mathrm{lim}} = 1.0 \frac{2.82}{1.75} = 1.61 > 1.0$$
となり，50 年後における鉄筋位置の塩分濃度は，要求性能を満たしていないため，現在の断面，配筋，材料の選定を見直す必要があることがわかる．

10.2.3 中性化に伴う鋼材腐食に対する照査

一般に，アルカリ性であるコンクリート (pH12 ～ 13) 中に存在する鋼材は，鋼材表面に酸素が化学吸着し，更に緻密な酸化物層が生じることによって厚さ 3 nm 程度の不動態被膜と呼ばれる酸化膜が形成されるため，腐食が進行しない特徴がある．しかし，大気中の二酸化炭素が，コンクリート中の細孔内に侵入すると，細孔溶液中に溶解し炭酸イオンとなる．すると炭酸イオンと水酸化カルシウムから供給されるカルシウムイオンが反応し，炭酸カルシウムが生成し，他の水和物や未水和セメントも炭酸化する．この炭酸化反応により，コンクリートの pH が低下する現象を中性化という．一般的なセメント水和物の炭酸化反応式を示すと，式 (10.6) のようになる[3]．
$$\mathrm{Ca(OH)_2 + H_2CO_3 \rightarrow CaCO_3 + 2H_2O} \tag{10.6}$$
この中性化により，細孔溶液中の pH が低下し，鉄筋表面の不動態被膜が消失し，腐食反応を起こしやすい状況になる．このような状況の鉄筋に，水と酸素が供給されることによって，塩害による鋼材腐食と同様に**図-10.1** に示す腐食反応が進行し，さびが発生する．**写真-10.3** は，中性化により鋼材腐食が進行し，そ

10.2 鋼材腐食に対する検討

写真-10.3 コンクリートの中性化により鋼材腐食が進行した鉄筋コンクリート壁部材

の膨張圧によりコンクリートが剥落したコンクリート壁部材の一例である．

ひとたび鋼材腐食が始まると，腐食生成物の体積膨張がコンクリートにひび割れや剥離を引き起こすばかりではなく，鉄筋断面の減少も生じ，これによって構造物の性能が所要のもの以下になる場合がある．これを未然に防ぐためには，コンクリートの中性化によって構造物の所要の性能が損なわれないよう，中性化深さが鋼材腐食発生限界深さ以下であることを照査することが重要である．コンクリート標準示方書では，中性化深さの設計値 y_d が鋼材腐食発生限界深さ $y_{\lim}$ 以下であることを，式（10.7）を用いて行ってよいこととしている．以下にその照査方法を示す．

$$\gamma_i \frac{y_d}{y_{\lim}} \leq 1.0 \tag{10.7}$$

ここに，γ_i：構造物係数．一般に 1.0，重要構造物は 1.1

$y_{\lim}$：鋼材腐食発生限界深さ

$$y_{\lim} = c_d - c_k \tag{10.8}$$

ここに，c_d：耐久性に関する照査に用いるかぶりの設計値（mm）

$$c_d = c - \varDelta c_e$$

c：かぶり（mm）

$\varDelta c_e$：施工誤差（柱，橋脚は ±15 mm，はりは ±10 mm，スラブは ±5 mm）

c_k：中性化残り（mm）．通常環境下 10 mm，塩害環境下 10〜25 mm

y_d：中性化深さの設計値

第 10 章 環境作用に対する部材の設計

$$y_d = \gamma_{cb} \cdot \alpha_d \sqrt{t} \tag{10.9}$$

ここに，α_d：中性加速度係数の設計値（mm/$\sqrt{\text{年}}$）

$\alpha_d = \alpha_k \cdot \beta_e \cdot \gamma_c$

α_k：中性化速度係数の特性値（mm/$\sqrt{\text{年}}$）

$$\alpha_k = \gamma_p \cdot \alpha_p \tag{10.10}$$

γ_p：α_p の精度に関する安全係数．一般に 1.0 〜 1.3

α_p：コンクリートの中性化速度係数の予測値（mm/$\sqrt{\text{年}}$）

$\alpha_p = -3.57 + 9.0 \cdot W/(C_p + k \cdot A_d)$

ここに，W：単位体積あたりの水の質量（kg/m³）

C_p：単位体積あたりのポルトランドセメントの質量（kg/m³）

A_d：単位体積あたりの混和材の質量（kg/m³）

k：混和材の種類により定まる定数

　　混和材を使用しない場合，フライアッシュの場合 $k=0$

　　高炉スラグ微粉末の場合 $k=0.7$

t：中性化に対する耐用年数（年）．100 年を上限とする

β_e：環境作用の程度を表す係数

　　乾燥しやすい環境は 1.6，乾燥しにくい環境は 1.0

γ_{cb}：中性化深さの設計値 y_d のばらつきを考慮した安全係数

　　一般の場合は 1.15，高流動コンクリートを用いる場合 1.1

γ_c：コンクリートの材料係数．

　　一般に 1.0，上面の部位に関しては 1.3

式 (10.7) を詳細に表すと，式 (10.11) となる．

$$\frac{\gamma_i \cdot \gamma_{cb} \cdot \gamma_c \cdot \gamma_p \left\{-3.57 + 9.0 \cdot \dfrac{W}{C_p + k \cdot A_d}\right\} \cdot \beta_e \sqrt{t}}{c - \Delta c_e - c_k} \leq 1.0 \tag{10.11}$$

一般に，コンクリート中への二酸化炭素の移動現象を拡散として捉える場合，セメント水和物との化学反応が生じることから，中性化に関する基礎式である式 (10.12) は物質移動に関する項と化学反応に関する項から構成されることになる．

$$\frac{\partial C_i}{\partial_t} = div(D_i grad C_i) + R_i \tag{10.12}$$

ここに，C_i：移動物質 i の濃度（CO_2，H_2O，$Ca(CO)_2$ など）
　　　　D_i：コンクリートの移動物質 i に関する拡散係数
　　　　R_i：反応項

　これまでの簡略式においては，コンクリートの中性化に伴い空隙構造や拡散係数の変化などが生じないと仮定し，さらに，反応項 R_i を省略して定式化することが基本となる．さらに，大気中の二酸化炭素濃度を一定とし，コンクリート内外での二酸化炭素について質量保存則が成り立つとすると，式（10.13）が導かれる．

$$y = \alpha\sqrt{t} \tag{10.13}$$

ここに，y：中性化深さ（mm）
　　　　α：中性化速度係数（mm/$\sqrt{年}$）
　　　　t：中性化期間（年）

　いわゆる $\sqrt{t}$ 則と呼ばれるものであり，反応項を省略しているため二酸化炭素の移動を中性化速度と置き換えた基礎式である．なお，コンクリート標準示方書における中性化の進行予測においても式（10.13）にもとづいた関係式が用いられている．**図-10.2** は，中性化速度係数 $\alpha = 2$（mm/$\sqrt{年}$）の時の中性化深さと時間との関係を示したものである．

　これまでの研究および実構造物の調査から，中性化深さが鋼材位置に到達する

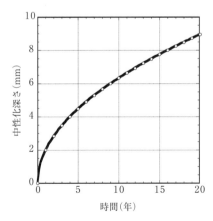

図-10.2　中性化速度係数 $\alpha = 2$ の時の中性化深さと時間との関係

以前に鉄筋の腐食が開始することが明らかになっている．そのため，鋼材腐食発生限界深さは，式 (10.8) に示すように，かぶりの設計値から「中性化残り」を差し引いた値となる．ここで，中性化残りとは，かぶりから中性化深さを差し引いた値である．なお，中性化残り 10 mm 以上では腐食しても構造物の機能を損なうような重大な腐食が生じた例はほとんどない．中性化深さの設計値（式 (10.9)）においては，水やセメントなどのコンクリート作製時の単位量や乾燥の影響が考慮されている．なお，中性化速度係数の特性値 α_k は，大気中の二酸化炭素ガスの侵入に影響を及ぼすコンクリートの乾湿の影響を考慮し，実験あるいは式 (10.10) に基づいて定めることを原則としている．

【例題 10.3】

乾燥しやすく，冬期には凍結防止剤を散布する環境において，コンクリート橋梁を建造する際の中性化に対する照査をせよ．ここでは，はり部材において，耐用年数を 50 年および 100 年を想定した場合，かぶりの設定を 50 mm とすることが妥当か評価せよ．なお，この橋梁は，一般の構造物であり，水セメント比が 50%，コンクリートには普通ポルトランドセメントを用いており，混和材は使用していない．また，中性化速度係数の特性値の精度は良いものと考える．

【解】

式 (10.11) を用いて，中性化の照査を行う．上記の問題より，各定数は，

構造物係数 $\gamma_i = 1.0$

中性化深さの設計値 γ_d のばらつきを考慮した安全係数 $\gamma_{cb} = 1.15$

α_p の精度に関する安全係数 $\gamma_p = 1.0$

コンクリートの材料係数 $\gamma_c = 1.0$

水結合材比 $W/(C_p + k \cdot A_d) = 0.5$ （混和材不使用のため）

環境作用の程度を表す係数 $\beta_e = 1.6$

中性化に対する耐用年数（年） $t = 50, 100$

かぶり (mm) $c = 50$

施工誤差 (mm) $\Delta c_e = 10$

中性化残り (mm) $C_k = 20$

（桁部における凍結防止剤の影響は少ないと考えられるが，車の走行による巻き上げなどを考慮して 20 mm とした）

耐用年数 50 年の場合，式（10.11）より，

$$1.0 \cdot 1.15 \cdot 1.0 \cdot 1.0 \frac{(-3.57+9.0 \cdot 0.5) \cdot 1.6 \cdot \sqrt{50}}{50-10-20} = 0.61 < 1.0$$

耐用年数 100 年の場合，

$$1.0 \cdot 1.15 \cdot 1.0 \cdot 1.0 \frac{(-3.57+9.0 \cdot 0.5) \cdot 1.6 \cdot \sqrt{100}}{50-10-20} = 0.86 < 1.0$$

いずれの耐用年数においても，かぶり 50 mm は，妥当である．

10.3　コンクリートの劣化に対する検討

10.3.1　凍害に対する照査

凍害とは，コンクリート中の水分が 0℃ 以下になった時の凍結膨張作用によって発生するものであり，凍結膨張と融解の長年にわたる繰り返しによって，コンクリートが徐々に劣化する現象である．水は，自由に膨張できる場合，9%の体積膨張を生ずるが，この膨張に関する静水圧の作用により，ひび割れが生じると考えられている．凍害を受けたコンクリート構造物は，スケーリング，微細ひび割れおよびポップアウトなどの形で劣化が顕著化するのが一般的である．**写真-10.4** は，凍害によりポップアウトが生じた構造物，**写真-10.5** は，凍害によりスケーリングが生じた構造物の一例である．**写真-10.6** は，スケーリングが進行し，鉄筋の腐食も生じた鉄筋コンクリート橋脚・橋台の一例である．

写真-10.4　ポップアウトが生じた鉄筋コンクリート高欄

写真-10.5　スケーリングが生じた鉄筋コンクリート橋台

写真-10.6 スケーリング後鋼材腐食が生じた橋脚と橋台

　凍結融解作用によるポップアウト，スケーリング，微細ひび割れといったコンクリートの凍害劣化の程度と構造物の性能の関係については，現段階では定量的に評価された研究成果はほとんどない．したがって，構造物に要求される性能との関係で凍害劣化の程度や深さの限界値を定め，これを性能照査の指標として用いることは難しい．現状においては一般のコンクリート構造物において，凍結融解によってコンクリートに多少の劣化は生じるが構造物の機能は損なわないレベルを，凍結融解作用に関する構造物の性能の限界状態と考え，構造物の凍結融解作用に関する照査をコンクリートの凍結融解作用に関する照査に置き換えて行う．なお，コンクリートが凍結する恐れのない場合には，凍害に関する構造物の性能を照査しなくてもよいとされている．

　ここで，コンクリート自体の凍結融解作用による性能低下を調べる際には，一般に動弾性係数を測定して用いられる．この動弾性係数を求める方法については，JIS A 1127 において，縦振動試験を行い共鳴振動数から計算によって求める試験方法が示されており，試料に対して大きい応力を加えることなく非破壊的に測定できることから，凍結融解試験のような経時的な材質変化を調べる際に適している．通常，凍結融解による劣化度を示す値は，凍結融解試験において試験開始前の動弾性係数に対する凍結融解繰り返し後の動弾性係数との比である相対動弾性係数が用いられる．

　以上のことから，凍害に関する照査は，構造物中のコンクリートが劣化を受けた場合に関して，凍結融解試験における相対動弾性係数の最小限界値 E_{min} とその設計値 E_d の比に構造物係数 γ_i を乗じた値が1.0以下であることを，式（10.14）を用いて確かめることによって行ってよい．

10.3 コンクリートの劣化に対する検討

ただし，一般の構造物の場合であって，凍結融解試験における相対動弾性係数の特性値 E_k が 90％以上の場合には，この検討を行わなくてよい[1]．

$$\gamma_i \frac{E_{\min}}{E_d} \leq 1.0 \tag{10.14}$$

ここに，γ_i：構造物係数．一般に 1.0，重要構造物は 1.1

E_d：凍結融解試験における相対動弾性係数の設計値．$=E_k/\gamma_c$

E_k：凍結融解試験における相対動弾性係数の特性値

コンクリートの凍結融解試験法（JIS A 1148（A 法）：水中凍結融解試験方法）による相対動弾性係数に基づいて定める．一般のコンクリート材料を選定し，空気量が 4〜7％の普通コンクリートの場合は**表-10.2**に示した値を用いてよい．

γ_c：コンクリートの材料係数．一般に 1.0，上面の部位に関しては 1.3

$E_{\min}$：凍害に関する性能を満足するための凍結融解試験における相対動弾性係数の最小限界値．一般に**表-10.3**に示す値を用いてよい．

表-10.2 コンクリートの凍結融解試験における相対動弾性係数とそれを満足するための水セメント比（％）[1]

	水セメント比（％）			
	65	60	55	45
凍結融解試験における相対動弾性係数（％）	60	70	85	90

表-10.3 凍害に関するコンクリート構造物の性能を満足するための凍結融解試験における相対動弾性係数の最小限界値 $E_{\min}$（％）[1]

構造物の露出状態 \ 気象条件 断面	凍結融解がしばしば繰り返される場合		氷点下の気温となることがまれな場合	
	薄い場合[*2]	一般の場合	薄い場合[*2]	一般の場合
（1）連続してあるいはしばしば水で飽和される場合[*1]	85	70	85	60
（2）普通の露出状態にあり（1）に属さない場合	70	60	70	60

＊1 水路，水槽，橋台，橋脚，トンネル覆工等で水面に近く水で飽和される部分および，これらの構造物の他，桁，床版等で水面から離れているが融雪，流水，水しぶき等のため，水で飽和される部分など．

＊2 断面の厚さが 20 cm 程度以下の部分など．

10.3.2 化学的侵食に対する照査

 化学的侵食とは,コンクリートが外部からの化学的作用を受けることによって,セメント硬化体を構成する水和生成物（ケイ酸カルシウム，アルミン酸三カルシウム，水酸化カルシウムなど）を変質あるいは分解して結合能力を失っていく劣化現象である．化学的侵食を及ぼす要因は，酸類，アルカリ類，塩類，油類，腐食性ガスなど多岐にわたる．一般的な環境において，これらの化学的侵食が問題となることは少なく，温泉地，酸性河川流域に建設された構造物や，下水道関連施設，化学工場，食品工場（強アルカリや強酸性による洗浄）等の特殊環境下にある構造物に化学的侵食が問題となる．**写真-10.7** は，温泉環境により化学的侵食を受けたコンクリートの一例である．

 化学的侵食とは，侵食性物質とコンクリートとの接触によるコンクリートの溶解・劣化や，コンクリートに侵入した侵食性物質がセメント組成物質や鋼材と反応し，体積膨張によるひび割れやかぶりの剥離などを劣化現象などである．現段階では，侵食性物質の接触や侵入によるコンクリートの劣化が，構造物の機能低下に与える影響を定量的に評価するまでの知見は必ずしも得られていない．したがって，現状においては構造物の要求性能，構造形式，重要度，維持管理の難易度および環境の影響が鋼材位置まで及ばないことを限界状態とするのが妥当である．

 以上のことから，化学的侵食に関する照査は，化学的侵食深さの設計値 y_{ced} の

写真-10.7 化学的侵食を受けたコンクリートブロック

かぶり c_d に対する比に構造物係数 γ_i を乗じた値が，1.0 以下であることを，式 (10.15) を用いて確かめることによって行ってよい．ただし，コンクリートが所要の耐化学的侵食性を満足すれば，化学的侵食によって構造物の所要の性能は失われないとし，この検討を行わなくてよい．なお，化学的侵食作用が非常に厳しい場合には，コンクリート表面被覆や腐食防止対策を施した補強材の使用などの対策を設計段階から検討するのがよい．

$$\gamma_i \frac{y_{ced}}{c_d} \leq 1.0 \tag{10.15}$$

ここに，γ_i：構造物係数．一般に 1.0，重要構造物は 1.1

y_{ced}：化学的侵食深さの設計値．$=\gamma_c y_{ce}$

y_{ce}：化学的侵食深さの特性値

γ_c：コンクリートの材料係数．一般に 1.0，上面の部位に関しては 1.3

c_d：耐久性に関する検討に用いるかぶりの設計値（mm）
　式 (10.21) で求めることとする

　$c_d = c - \varDelta c_e$

c：かぶり（mm）

$\varDelta c_e$：施工誤差（mm）．（柱，橋脚は ± 15 mm，はりは ± 10 mm，スラブは ± 5 mm）

文　　献

1) 土木学会：2012 年制定 コンクリート標準示方書 [設計偏], 2013.
2) 日本コンクリート工学会：コンクリート診断技術 '15 [基礎編].
3) 日本コンクリート工学協会：炭酸化研究員会報告書, 1993.3

第11章　構造細目

要　　点

（1）　鉄筋コンクリート構造物を設計する場合，部材の断面寸法，鉄筋量等主要な事項については，一般に構造計算によって決定される．しかし，構造物がその機能を十分発揮するためには，構造計算では考慮し得ない細部にわたる種々の配慮が必要になる．
（2）　「構造細目」とは，かぶり，鉄筋の間隔，曲げ形状，用心鉄筋など鉄筋コンクリート構造物に対する細かな配慮の規定をいう．
（3）　構造細目は，鉄筋コンクリート構造物の設計において，その設計計算における前提条件を確保するための要件であり，きわめて重要な事項といえる．よって，設計者および施工者はこれらを守らなければならない．
（4）　鉄筋の配置にあたっては，部材の形状および剛性，境界条件，荷重の特性や載荷状態，さらには鉄筋の腐食やコンクリートのひび割れなどへの影響を考慮する必要がある．また，鉄筋の組立てでは，施工性への配慮も重要になる．鉄筋を設計書の通り配置することを配筋という．
（5）　一般的な構造細目，および部材設計に用いられる構造細目は，土木学会コンクリート標準示方書［設計編］[1] が基本になる．

11.1 鉄筋に関する構造細目

11.1.1 かぶり

かぶりは，鉄筋の表面とコンクリート表面の最短距離をいう（図-11.1 参照）．

鉄筋を有効に働かせるためには，一般にコンクリート表面の近くに鉄筋を配置するのが良いが，耐久性や施工性を考えると，鉄筋にある程度のかぶりが必要になる．

かぶりは，鉄筋が十分な付着強度を発揮するため，鉄筋の腐食を防ぐため，火災に対して鉄筋を保護するためなどの理由から確保される．すなわち，十分な耐久性を満足するように設定したかぶりは，塩害や中性化などの劣化要因から鉄筋が腐食するのを防ぐことができる．また，設計者は，

- コンクリートの品質
- 鉄筋の直径
- 構造物の環境条件
- コンクリート表面に作用する有害な物質の影響
- 部材の寸法
- 施工誤差
- 構造物の重要度

なども判断してかぶりを定める必要がある．ただし，かぶりは，鉄筋の直径に施工誤差を加えた値よりも小さい値としてはならないとされている．

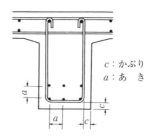

図-11.1 鉄筋のあきおよびかぶり

(1) かぶりの最小値

かぶりの最小値は，鉄筋の直径または耐久性を満足するかぶりのいずれか大きい値（耐火性を要求しない場合）に施工誤差を考慮した値を最小値としている（**図**-11.2 参照）．

かぶりを確保する主目的は，鉄筋（鋼材）の腐食を防ぐことである．鉄筋コンクリート構造物は，設計耐用期間中に塩化物イオンの侵入や中性化等に伴い鉄筋が腐食し所要の性能が損なわれてはならなく，かぶりの最小値は特に以下の耐久性に関する3項目を確認し，**図**-11.2 を満足する値が設定される．

① コンクリート表面のひび割れ幅が，鋼材の腐食に対するひび割れ幅の限界値以下であること．
② 鋼材位置における塩化物イオン濃度が，設計耐用期間中に鋼材腐食発生限界濃度に達しないこと．
③ 中性化深さが，設計耐用期間中に鋼材腐食発生限界深さに達しないこと．

なお，**表**-11.1 に，一般的な環境下における通常の鉄筋コンクリート構造物の

図-11.2　かぶりの算定（耐火性を要求しない場合）

表-11.1　標準的な耐久性*を満足する構造物の最小かぶりと最大水セメント比

	W/C^{**} の最大値 (%)	かぶりの最小値 (mm)	施工誤差 (mm)
柱	50	45	±15
はり	50	40	±10
スラブ	50	35	±5
橋脚	55	55	±15

　＊　設計耐用年数100年を想定
　＊＊　普通ポルトランドセメントを使用

第 11 章　構造細目

かぶりの最小値を示す．この表は，部材毎の普通ポルトランドセメントを用いたコンクリートの水セメント比の最大値，かぶりの最小値，施工誤差のそれぞれの標準的な値である．ただし，**第 10 章**で解説したひび割れ幅の最小値を満足している必要がある．

（２）　異形鉄筋を束ねて配置する場合

異形鉄筋を束ねて配置する場合には，束ねた鉄筋をその断面積の和に等しい断面積の 1 本の鉄筋と考えて鉄筋直径を求める（**図-11.3** 参照）．ただし，かぶりは束ねた鉄筋自体が満足しなければならない．

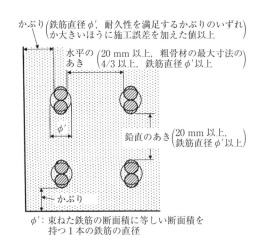

図-11.3　束ねた鉄筋のかぶりおよびあき

（３）　その他の場合

フーチングおよび構造物の重要な部材で，コンクリートが地中に直接打込まれる場合のかぶりは 75 mm 以上とするのがよい．

水中で施工する鉄筋コンクリートのかぶりは，十分に締め固めることができずコンクリートが十分に行きわたらないことや，水中の施工の良否を判定することも難しいので，水中不分離性コンクリートを用いない場合，100 mm 以上とするのがよい．

すりへり作用を受けるスラブ上面のような場合で，有効な保護層を設けないときは，かぶりを普通より 10 mm 以上増して，耐力計算上必要な断面より厚くし

ておくのがよい.

鉄筋コンクリートの耐火性は，主にかぶりとコンクリート自体の耐火性に依存し，かぶりに関しては，一般の環境（**第10章**参照）を満足するかぶりの場合，この値に 20 mm 程度を加えた値を最小値とすることを標準としている．

11.1.2 鉄筋のあき

鉄筋のあきとは，互いに隣り合って配置された鉄筋の純間隔をいう（**図-11.1**参照）．鉄筋のあきは，部材の種類および寸法，粗骨材の最大寸法，鉄筋の直径，コンクリートの施工性等を考慮して，コンクリートの打込み，締固めが十分に行えるように，また，鉄筋とコンクリートとの付着力が十分に発揮されるように，その寸法を確保する必要がある．

① はりの軸方向鉄筋の水平のあきは，20 mm 以上，粗骨材の最大寸法の 4/3 倍以上，鉄筋の直径以上とする．

② コンクリートの締固めに用いる内部振動機（バイブレータ）を挿入できるように，水平のあきを確保する．

③ 2段以上に軸方向鉄筋を配置する場合は，一般にその鉛直のあきは 20 mm 以上，鉄筋の直径以上とする（**図-11.1**参照）．

④ 柱の軸方向鉄筋のあきは，40 mm 以上，粗骨材の最大寸法の 4/3 倍以上，鉄筋直径の 1.5 倍以上とする．

⑤ 直径 32 mm 以下の異形鉄筋を用いる場合で，複雑な鉄筋の位置により，十分な締固めが行えない場合は，はりおよびスラブ等の水平の軸方向鉄筋は 2 本ずつを上下に束ね，柱および壁等の鉛直軸方向鉄筋は 2 本または 3 本ず

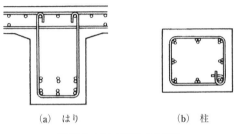

(a) はり　　　(b) 柱

図-11.4 束ねて配置する鉄筋

つを束ねて，これを配置してよい(**図-11.4参照**)．この場合は，束ねた鉄筋が施工中にばらばらになったり，位置がずれたりしないように，鉄筋を確実に結束し，適当なスペーサを用いることが特に大切となる．

⑥ 鉄筋のあきは，コンクリートの施工性能を満足することが必要である．

11.1.3 鉄筋の配置

(1) 軸方向鉄筋の配置

a. 最小鉄筋量

① 軸方向力の影響が支配的な鉄筋コンクリート部材には，計算上必要なコンクリート断面積の 0.8% 以上の軸方向鉄筋を配置しなければならない．ここでいう計算上必要なコンクリート断面積とは，軸方向力のみを支えるのに必要な最小限のコンクリート断面積である．また，計算上必要な断面より大きな断面を有する場合でも，コンクリート断面積の 0.15% 以上の軸方向鉄筋を配置するのが望ましい．

② 曲げモーメントの影響が支配的な棒部材の引張鉄筋比は，0.2% 以上を原則とする．ただし，T 形断面の場合，一般には，軸方向引張鉄筋をコンクリート有効断面積の 0.3% 以上配置しなければならない．ここでいうコンクリートの有効断面積とは，断面の有効高さ d に腹部の幅 b_w を乗じたものである．

b. 最大鉄筋量

① 軸方向力の影響が支配的な鉄筋コンクリート部材の軸方向鉄筋量は，コンクリート断面積の 6% 以下とすることを原則とする．

② 曲げモーメントの影響が支配的な棒部材の軸方向引張鉄筋量は，釣合鉄筋比の 75% 以下とすることを原則とする．

c. 配　置

① 部材には，荷重によるひび割れを制御するために必要な鉄筋の他に，必要に応じて，温度変化，収縮等によるひび割れを制御するための用心鉄筋を配置しなければならない．

② ひび割れ制御を目的とする鉄筋は，必要とされる部材断面の周辺に分散させて配置しなければならない．この場合，鉄筋の径，および間隔は，できるだけ小さくするものとする．

③ 軸方向鉄筋およびこれと直交する各種の横方向鉄筋配置間隔は，原則として 300 mm 以下とする．

(2) 横方向鉄筋の配置

a. スターラップの配置

① 棒部材には，（腹部幅×長さ）の 0.15％以上のスターラップを部材全長にわたって配置するものとする．また，その間隔は，有効高さの 3/4 倍以下，かつ，400 mm 以下とするのを原則とする．ただし，面部材には本項を適用しなくてもよい．

② 棒部材において計算上せん断補強鋼材が必要な場合には，スターラップの間隔は，部材有効高さの 1/2 倍以下で，かつ 300 mm 以下としなければならない．また，計算上せん断補強鋼材を必要とする区間の外側の有効高さに等しい区間にも，これと同量のせん断補強鋼材を配置しなければならない．

b. 帯鉄筋の配置

① 帯鉄筋（図-11.5 参照）の部材軸方向の間隔は，一般に，軸方向鉄筋の直径の 12 倍以下で，かつ部材断面の最小寸法以下とする．ヒンジとなる領域は，軸方向鉄筋の直径の 12 倍以下で，かつ部材断面の最小寸法の 1/2 以下とする．

② 帯鉄筋は，原則として，軸方向鉄筋を取り囲むように配置するものとする．

③ 矩形断面で帯鉄筋を用いる場合には，帯鉄筋の 1 辺の長さは，帯鉄筋直径の 48 倍以下かつ 1 m 以下とする．帯鉄筋の 1 辺の長さがそれを超えないように，帯鉄筋を配置しなければならない．

④ 部材断面の寸法が 1 m を超える大型断面では，帯鉄筋が面外にはらみだ

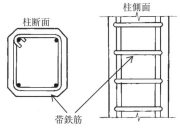

図-11.5 柱における帯鉄筋

第 11 章　構造細目

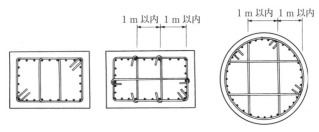

図-11.6　大型断面における帯鉄筋および中間帯鉄筋の配置例

す可能性があるので，それを防止し，軸方向鉄筋の座屈防止を確実にするとともに，内部のコンクリートを拘束する効果を目的として，中間帯鉄筋を配置する（**図-11.6** 参照）．中間帯鉄筋の断面内間隔は，1 m 以内とする．

11.1.4　鉄筋の曲げ形状

鉄筋は曲げ加工して用いられることが多い（フック，スターラップ，折曲げ鉄筋等）．鉄筋を曲げ加工する場合，曲げ半径が過小であると，鉄筋の材質に悪影響を及ぼすばかりでなく，コンクリート施工上も不都合となる．鉄筋を曲げ加工する場合の曲げ半径は，鋼材の加工性と鉄筋の折曲げ部内側におけるコンクリートの支圧強度，施工時にコンクリートが十分ゆきわたることなどを考慮して定める．

（1）　標準フック

鉄筋の端部を折曲げた部分をフックという．標準フックとして，半円形フック，直角フックあるいは鋭角フックを用いる（**図-11.7** 参照）．

- 半円形フック：鉄筋の端部を半円形に 180°折り曲げ，半円形の端から鉄筋

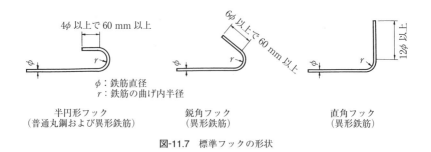

図-11.7　標準フックの形状

直径の4倍以上で60 mm 以上まっすぐに延ばしたもの
- 鋭角フック：鉄筋の端部を135°折り曲げ，折り曲げてから鉄筋直径の6倍以上で60 mm 以上まっすぐ延ばしたもの
- 直角フック：鉄筋の端部を90°折り曲げ，折り曲げてから鉄筋直径の12倍以上まっすぐ延ばしたもの

フックの曲げ内半径は，コンクリートを十分にゆきわたらせること，鉄筋の材質をいためないこと，フックの働きが十分確実なものとなることなどを考慮して定められている．

異形鉄筋における軸方向鉄筋，スターラップおよび帯鉄筋のフックの曲げ内半径は，**表-11.2** の値以上とする．ただし，$\phi \leq 10$ mm のスターラップは，1.5ϕ の曲げ内半径でよい．ここに，ϕ は鉄筋直径である．

表-11.2 フックの曲げ内半径

種類		曲げ内半径 (r)	
		軸方向鉄筋	スターラップおよび帯鉄筋
異形鉄筋	SD295A, B	2.5ϕ	2.0ϕ
	SD345	2.5ϕ	2.0ϕ
	SD390	3.0ϕ	2.5ϕ
	SD490	3.5ϕ	3.0ϕ

（2） 折曲げ鉄筋

折曲げ鉄筋の曲げ内半径は，コンクリートに大きい支圧力を加えないように定められており，鉄筋の5倍以上でなければならない（**図-11.8** 参照）．ただし，コンクリート部材の側面から $2\phi + 20$ mm 以内の距離にある鉄筋を折曲げ鉄筋として用いる場合は，折曲げ部のコンクリートの支圧強度が内部のコンクリートより小さいので，内部のものより大きい曲げ半径とし，鉄筋直径の7.5倍以上としなければならない．

ラーメン構造の隅角部の外側に沿う鉄筋の曲げ内半径は，鉄筋直径の10倍以上でなければならない（**図-11.9** 参照）．

ハンチ，ラーメンの部材隅角部等の内側に沿って，**図-11.10** に示すように，引張鉄筋を曲げておくと，引張鉄筋に引張応力が働いたときに，引張鉄筋が直線になろうとしてコンクリートがはげ落ちる場合がある．これより，**図-11.9** に示す

第 11 章 構造細目

ϕ：鉄筋直径

図-11.8 折曲げ鉄筋の曲げ内半径

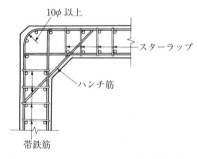

図-11.9 ハンチ，ラーメンの隅角部等の鉄筋

図-11.10 ハンチ部の不適切な配筋

ように，鉄筋を曲げたものとせず，ハンチの内側に沿って別の直線の鉄筋（ハンチ筋）を配置する．

11.1.5 鉄筋の定着

（1） 一 般

鉄筋コンクリートにおいては，鉄筋がその性能を十分に発揮するために，鉄筋端部の定着はきわめて重要である．

鉄筋の強さを完全に発揮させるためには，鉄筋端部がコンクリートから抜け出さないようにすることが重要である．

そのため，鉄筋端部の定着は，

- コンクリート中に埋め込んで，鉄筋とコンクリートとの付着力によって定着する
- コンクリート中に埋め込んで，標準フックをつけて定着する
- 定着具等を付けて，機械的に定着する

かのいずれかをしなければならない（**図-11.11** 参照）．

異形鉄筋の場合には，その定着箇所によっては，フックをつけなくてもよいが，これと直角方向に鉄筋を配置し，定着が確実になるようにしなければならない．しかし，異形鉄筋の場合でも，部材の固定端の引張鉄筋，フーチングの引張鉄筋の両端，片持はりの自由端における引張鉄筋等には，大きいひび割れが生じても

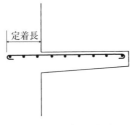

図-11.11 鉄筋端部の定着の例

鉄筋が抜け出さないように，フックまたは定着具をつけて定着する方がよい．

（2） 鉄筋の定着長

　鉄筋の定着長は，コンクリートとの付着力によって定着しようとする場合，鉄筋が断面に作用する力を受け持ち鉄筋の強さを完全に発揮するために必要なコンクリート中に埋め込む定着始点からの長さのことである（**図-11.11** 参照）．

　鉄筋の基本定着長は，鉄筋の種類，コンクリートの強度，かぶり等に応じた最小の定着長である．設計における定着長は，基本定着長以上とする．

　まず，基本定着長 l_d は，式（11.1）により算定した値を以下の①～③に従って補正した値である．ただし，この補正した値 l_d は，20ϕ 以上とする．

$$l_d = \alpha \{f_{yd}/(4f_{bod})\}\phi \quad (\text{mm}) \tag{11.1}$$

ここに，ϕ：鉄筋の直径

　　　　f_{yd}：鉄筋の設計引張降伏強度

　　　　f_{bod}：コンクリートの設計付着強度で，$\gamma_c = 1.3$ として，f_{bok}（第2章式（2.5））より求めてよい．ただし，$f_{bod} \leqq 3.2 \, \text{N/mm}^2$

　　　　$f_{bod} = f_{bok}/\gamma_c$

　　　　$f_{bok} = 0.28 f'_{ck}{}^{2/3}$

　　　　$\alpha = 1.0$　（$k_c \leqq 1.0$ の場合）

　　　　　$= 0.9$　（$1.0 < k_c \leqq 1.5$ の場合）

　　　　　$= 0.8$　（$1.5 < k_c \leqq 2.0$ の場合）

　　　　　$= 0.7$　（$2.0 < k_c \leqq 2.5$ の場合）

　　　　　$= 0.6$　（$2.5 < k_c$ の場合）

ここに，$k_c = c/\phi + 15A_t/(s\phi)$

c：鉄筋の下側のかぶりの値と定着する鉄筋のあきの半分のうちの小さい方

A_t：仮定される割裂破壊断面に垂直な横方向鉄筋の断面積

s：横方向鉄筋の中心間隔

① 引張鉄筋の基本定着長は，式（11.1）より算定する．ただし，標準フックを設ける場合には，算定値より 10ϕ だけ減じることができる．

② 圧縮鉄筋の基本定着長は，式（11.1）よる算定値の 0.8 倍とする．ただし，標準フックを設ける場合でも，これ以上減じてはならない．

③ 定着を行う鉄筋が，コンクリートの打込みの際に，打込み終了面から 300 mm の深さより上方の位置で，かつ水平から 45° 以内の角度で配置されている場合の基本定着長は，①または②で算定される値の 1.3 倍とする．

次に，実際に配置される鉄筋量 A_s が，計算上必要な鉄筋量 A_{sc} よりも大きい場合，低減定着長 l_0 を式（11.2）より求めてよい．

$$l_0 \geq l_d \cdot (A_{sc}/A_s) \tag{11.2}$$

ただし，$l_0 \geq l_d/3$，$l_0 \geq l_0\phi$

ここに，ϕ：鉄筋直径

最後に，定着部が曲がった鉄筋の定着長のとり方は，以下のとおりとする（図-11.12 参照）．

① 曲げ内半径が直径の 10 倍以上の場合は，折曲げた部分も含み，鉄筋の全長を有効とする（図-11.12(a)）．

② 曲げ内半径が鉄筋直径の 10 倍未満の場合は，折曲げてから鉄筋直径の 10 倍以上まっすぐに延ばしたときにかぎり，直線部分の延長と折曲げ後の直線部分の延長との交点までを定着長として有効とする（図-11.12(b)）．

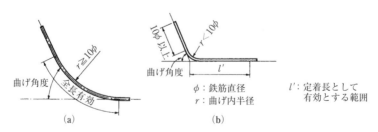

図-11.12 定着部が曲がった鉄筋の定着長のとり方

（3） 軸方向鉄筋の定着長

① スラブまたははりの正鉄筋の少なくとも 1/3 は，これを曲げ上げないで支点を超えて定着しなければならない．

② スラブまたははりの負鉄筋の少なくとも 1/3 は，反曲点を超えて延長し，圧縮側で定着するか，あるいは次の負鉄筋と連続させなければならない．

③ 折曲げ鉄筋は，その延長を正鉄筋または負鉄筋として用いるか，または折曲げ鉄筋端部をはりの上面または下面に所要のかぶりを残してできるだけ接近させ，はりの上面または下面に平行に折り曲げて水平に延ばし，圧縮側のコンクリートに定着するのがよい．

④ 曲げ部材における軸方向引張鉄筋の定着長の算定は，以下にまとめた項目に従い行うものとする．ここに，l_s は，一般に部材断面の有効高さとしてよいが，急激な鉄筋量の変化は避けなければならない（**図-11.13 参照**）．

 ⅰ） 曲げモーメントが極値をとる断面から l_s だけ離れた位置を起点として，低減定着長 l_0 以上の定着をとる．

 ⅱ） 計算上鉄筋の一部が不要となる断面で折曲げ鉄筋とする場合は，曲げ

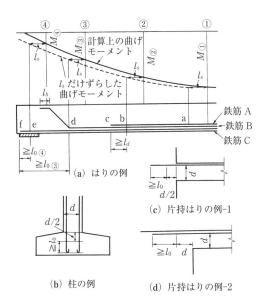

図-11.13 鉄筋の定着長算定位置の例

第 11 章　構造細目

　　　　モーメントに対して計算上鉄筋の一部が不要となる断面から，曲げモーメントが小さくなる方向へ l_s だけ離れた位置で折り曲げる．
　iii）　折曲げ鉄筋をコンクリートの圧縮部に定着する場合の定着長は，フックを設けない場合は 15ϕ 以上，フックを設ける場合は 10ϕ 以上とする．ここに，ϕ は鉄筋直径である．
　iv）　引張鉄筋は，引張応力を受けないコンクリートに定着するのを原則とする．
　v）　スラブまたははりの正鉄筋を，端支点を超えて定着する場合，その鉄筋は支承の中心から l_s だけ離れた断面位置の鉄筋応力に対する低減定着長 l_0 以上を支承の中心からとり，さらに部材端まで延ばさなければならない．
　vi）　片持はりなどの固定端では，原則として引張鉄筋の端部が定着部において上下から拘束されている場合には断面の有効高さの 1/2 または鉄筋直径の 10 倍のいずれか小さい値だけ，また，引張鉄筋の端部が定着部において上下から拘束されていない場合には断面の有効高さだけ定着部に入った位置を起点として，それぞれ低減定着長 l_0 以上の定着長をとる．
　vii）　柱の下端では，柱断面の有効高さの 1/2 または鉄筋直径の 10 倍のいずれか小さい値だけフーチング内側に入った位置を起点として，基本定着長 l_d 以上の定着長をとる．
　viii）　定着する部材の厚さあるいは高さが定着される部材のそれより小さい場合は，定着する部材の端まで鉄筋を延ばし定着する．
　ix）　定着する部材の厚さあるいは高さが十分大きい場合は，鉄筋とコンクリートの付着性状を考慮して適切な方法を用いて鉄筋定着長を算定してもよい．
　x）　変断面の場合の l_s は，i）では曲げモーメントが極値をとる断面の有効高さ d とし，ii）では曲げモーメントに対して計算上鉄筋の一部が不要となる断面の有効高さ d とする．

（4）　横方向鉄筋の定着長

①　スターラップは，正鉄筋または負鉄筋を取り囲み，その端部を圧縮側コンクリートに定着しなければならない．これは，はりに斜めひび割れが生じると，このひび割れを境として，はりの 2 つの部分が離れようとするため，ス

ターラップはこれら2つの部分が離れようとするのを防ぎ，ハウトラスのような鉛直引張材の働きをさせる目的で配置されることによる．よって，スターラップは，その端部にフックを付けて，これを圧縮側の鉄筋にかけて確実に定着しなければならない（**図-11.14** 参照）．

② 帯鉄筋の端部には，軸方向鉄筋を取り囲んだ半円形フックまたは鋭角フックを設けなければならない．これは，帯鉄筋および中間帯鉄筋は，軸方向鉄筋の座屈防止，じん性の確保，応力の分散およびせん断補強の目的で配置されることによる．よって，帯鉄筋に重ね継手のようなものを用いると，曲げひび割れ発生時や，かぶりがはく落したりすると機能を失う場合がある．したがって，帯鉄筋および中間帯鉄筋の端部には，必ずフックを設け，これで軸方向鉄筋を囲んで定着する必要がある（**図-11.14** 参照）．

③ らせん鉄筋は，1巻半余分に巻き付けてらせん鉄筋に取り固まれたコンクリート中に，これを定着するものとする．ただし，塑性ヒンジ領域では，その端部を重ねて2巻き以上とする．

④ 横方向鉄筋に標準フックの代替として定着具を設けて機械式定着とする場合，定着具を部材の最外縁の軸方向鉄筋に掛けて配置することとする．ただし，部材最外縁の横方向鉄筋の定着に機械式定着を用いてはならない．

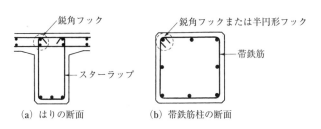

図-11.14 スターラップと帯鉄筋の定着

11.1.6 鉄筋の継手

(1) 一 般

実際に購入できる鉄筋の長さは，せいぜい5〜10 mであることや，施工の都合上鉄筋を切らなければならない場合などがある．鉄筋コンクリート構造物を構成する部材の大きさによっては鉄筋の長さ方向に連続させる必要がある．そこで

鉄筋を接合させる方法として，継手が設けられる場合が多い．しかし，鉄筋の継手は弱点になりやすいので，継手の設計や施工には十分注意しなければならない．

鉄筋の継手の種類としては，重ね継手，ガス圧接継手，機械的継手，溶接継手などがある（図-11.15 参照）．

図-11.15　鉄筋の継手の例

鉄筋の継手を設ける場合，次の事項に注意しなければならない．

① 継手の強度や信頼性は，継手の種類，施工の方法，鉄筋の材質，荷重の状態等によって異なるものであるから，鉄筋の継手は鉄筋の種類，直径，応力状態，継手位置などに応じて選定しなければならない．

② 鉄筋の継手は，一般に弱点となる場合が多いので，できるだけ応力の大きい断面を避ける．

③ 継手を同一断面に集中すると，継手に弱点がある場合，部材が危険になり，また，継手の種類によっては，コンクリートのゆきわたりが悪くなることもある．これより，同一断面に設ける継手の数は 2 本の鉄筋につき 1 本以下とし，継手を同一断面に集めないことを原則とする．継手を同一断面に集めないため，継手位置を軸方向に相互にずらす距離は，継手の長さに鉄筋直径の 25 倍を加えた長さ以上を標準とする．

④ 継手部と隣接する鉄筋とのあき，または継手部相互のあきは，粗骨材の最大寸法以上とする．

⑤ 鉄筋を配置した後に継手を施工する場合には，継手施工用の機器などが挿入できるあきを確保しなければならない．

⑥ 継手部のかぶりは，11.1.1 で述べたかぶりの規定を満足するようにする．

⑦ 重ね継手を用いる場合，重ね合せ長さは 11.1.5 で述べた基本定着長を基本とし，構造物や部材の種類，載荷の状態，鉄筋の配置，継手位置の応力状

態等を考慮して継手を設ける.
⑧ 重ね継手以外の継手を用いる場合，構造物や部材の種類，載荷の状態，鉄筋の配置，継手位置の応力状態等に応じて，継手としての所要の性能を満足するものでなければならない．

（2）軸方向鉄筋の継手

軸方向鉄筋に重ね継手を設ける場合には，以下の①〜⑦の規定に従わなければならない．

ここで重ね継手は，施工が容易な継手であるが，継手部にコンクリートのゆきわたりが不十分となった場合，継手部のコンクリートに分離が生じた場合および継手部周囲のコンクリートが劣化した場合などは，継手の強度が大きく低下する．また，大きな引張応力を受ける場合，大きな繰返し応力を受ける場合などでは，横方向に補強が少ないと，重ね合わせた部分のコンクリートが鉄筋に沿って割裂し，ぜい性的な破壊を生じやすい．さらに，継手部に発生した横ひび割れの幅が大きくなることがある．したがって，重ね継手はなるべく応力の小さい部分に設けるとともに，継手部を横方向鉄筋で十分に補強することが大切である．

① 配置する鉄筋量が計算上必要な鉄筋量の2倍以上，かつ同一断面での継手の割合が1/2以下の場合には，重ね継手の重ね合わせ長さは基本定着長 l_d 以上としなければならない．
② ①の条件のうち一方が満足されない場合には，重ね合わせ長さは基本定着長 l_d の1.3倍以上とし，継手部を横方向鉄筋等で補強しなければならない．
③ ①の条件の両方が満足されない場合には，重ね合わせ長さは基本定着長 l_d の1.7倍以上とし，継手部を横方向鉄筋等で補強しなければならない．
④ 重ね継手の重ね合わせ長さは，鉄筋直径の20倍以上とする．
⑤ 重ね継手部の帯鉄筋および中間帯鉄筋の間隔は100 mm以下とする（**図-11.16**参照）．
⑥ 水中コンクリート構造物の重ね合わせ長さは，原則として鉄筋直径の40倍以上とする．
⑦ 重ね継手は，交番応力をうける塑性ヒンジ領域では用いてはならない．

第 11 章　構造細目

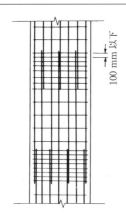

図-11.16　重ね継手部の帯鉄筋および中間帯鉄筋の間隔

（3）横方向鉄筋の継手

① スターラップの継手

- スターラップに重ね継手を原則として用いてはならない．これは，スターラップに沿ってひび割れが生じる場合があるので，鉄筋とコンクリート間の付着を期待する重ね継手は好ましくない．また，スターラップは，コンクリート表面近くに配置されるため，かぶりコンクリートのはく落などによって付着が失われて応力伝達に影響することやひび割れの発生で局所的に大きな応力が生じたりするなどしてそこが弱点になる可能性があることによる．

② 帯鉄筋の継手

- 帯鉄筋に継手を設ける場合には，帯鉄筋の全強を伝えることができる継手で接合しなければならない．そのような継手としては，フレア溶接あるいは機械継手がある（**図-11.17** 参照）．

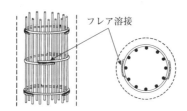

図-11.17　フレア溶接による帯鉄筋の継手

- 帯鉄筋に継手を設ける場合には，継手位置がそろわないように相互にずらすことを原則とする．

11.2　曲げモーメントおよび軸方向力を受ける部材の配筋

11.2.1　はり

① 圧縮鉄筋のある場合のスターラップの間隔は，圧縮鉄筋直径の15倍以下，かつスターラップ直径の48倍以下としなければならない．

② はりの高さが大きい場合には，はりの腹部に水平用心鉄筋を配置しなければならない（図-11.18 参照）．

③ 支点付近には，腹部のひび割れに対して用心鉄筋を配置しなければならない（図-11.19 参照）．

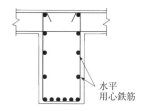

図-11.18　はり腹部の水平用心鉄筋の配置例

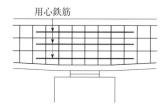

図-11.19　中間支点上の用心鉄筋の配置例

11.2.2　帯鉄筋柱

① 軸方向鉄筋の直径は13 mm 以上，その数は4本以上，その断面積は計算上必要なコンクリート断面積の0.8％以上，かつ6％以下でなければならない．

② 帯鉄筋の直径は6 mm 以上，その間隔は，柱の最小横寸法以下，軸方向鉄

図-11.20　帯鉄筋柱

第11章 構造細目

筋の直径の 12 倍以下，かつ帯鉄筋の直径の 48 倍以下でなければならない（**図-11.20** 参照）．

③ はりやその他の部材との接合部分には，特に十分な帯鉄筋を用いなければならない．

11.2.3 らせん鉄筋柱

① 軸方向鉄筋の直径は 13 mm 以上，その数は 6 本以上，その断面積は柱の有効断面積の 1% 以上で 6% 以下，かつ，らせん鉄筋の換算断面積の 1/3 以上でなければならない．

らせん鉄筋の換算断面積 A_{spe} は，式（11.3）による．

$$A_{spe} = \pi d_{sp} A_{sp}/s \tag{11.3}$$

ここに，d_{sp}：らせん鉄筋柱の有効断面の直径（らせん鉄筋の中心線が描く円の直径）

A_{sp}：らせん鉄筋の断面積

s：らせん鉄筋のピッチ

② らせん鉄筋の直径は 6 mm 以上，そのピッチは，柱の有効断面の直径の 1/5 以下，かつ 80 mm 以下でなければならない（**図-11.21** 参照）．

③ らせん鉄筋の換算断面積は，柱の有効断面積の 3% 以下とする．

④ はりやその他の部材との接合部分には，特に十分な帯鉄筋を用いなければならない．

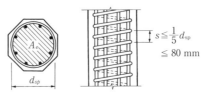

A_e：らせん鉄筋柱の有効面積

図-11.21 らせん鉄筋柱

参考文献

1) 土木学会：2012 年制定 コンクリート標準示方書［設計編］，2013．

付　録
（用語・付表）

付　　録

用　　語

　以下に，2012年制定 コンクリート標準示方書［設計編：本編］（土木学会）の「1.3 用語の定義」で規定されている用語の定義を示す．

　なお，説明文内の「この示方書」とは，「2012年制定 コンクリート標準示方書」を意味する．

設計　　構造物の要求性能の設定，構造計画，構造詳細の設定，性能照査で構成される行為．

要求性能　　目的および機能に応じて構造物に求められる性能．

照査　　構造物が，要求性能を満たしているか否かを，実物大の供試体による確認実験や，経験的かつ理論的確証のある解析による方法等により判定する行為．

耐久性　　構造物中の材料の劣化により生じる性能の経時的な低下に対して構造物が有する抵抗性．

安全性　　構造物が使用者や周辺の人の生命や財産を脅かさないための性能．

使用性　　構造物の使用者が快適に構造物を使用する，もしくは周辺の人が構造物によって不快となることのないようにするための性能，および構造物に要求されるそれ以外の諸機能を適切に確保するための性能．

復旧性　　地震の影響などの偶発作用によって低下した構造物の性能を回復させ，継続的な使用を可能にする性能．

修復性　　復旧性のうち，構造物の損傷に対する修復の難易度を表す性能．

耐震性　　構造物の地震時および地震後の安全性，使用性ならびに地震後の復旧性を総合的に考慮して限界状態を設定するための性能．

環境性　　地球環境，地域環境，作業環境，景観に対する適合性．

供用期間　　構造物を供用する期間．

設計耐用期間　　設計時において，構造物または部材が，その目的とする機能を十分果たさなければならないと規定した期間．

照査指標　　要求性能を定量評価可能な物理量に置き換えたもの．

用　語

限界状態　　構造物が要求性能を満足しなくなる限界の状態．
作用　　構造物または部材に応力や変形の増減，材料特性に経時変化をもたらすすべての働き．
永続作用　　変動がほとんどないか，変動が無視できるほど卓越する持続的作用．
変動作用　　変動が頻繁に，あるいは連続的に起こり，かつ変動が持続的成分に比べて無視できないほど大きい作用．
偶発作用　　構造物または部材の設計耐用期間中に生じる頻度がきわめて小さいが，生じると重大な影響を及ぼす作用．
設計作用　　おのおのの作用の特性値にそれぞれの作用係数を乗じた値．
作用の規格値　　作用の特性値とは別に，この示方書以外の構造物に関する示方書またはその他の規定により定められた作用の値．
作用の特性値　　構造物の施工中または設計耐用期間中のばらつき，検討すべき限界状態および作用の組合せを考慮したうえで設定される作用の値．
作用の公称値　　作用の特性値とは別に，関連示方書類に定められていないが，慣用的に用いられている作用の値．
材料物性の特性値　　定められた試験法による材料物性の試験値のばらつきを想定したうえで，試験値がそれを下回る確率がある一定の値となることが保証される値．
材料物性の規格値　　材料物性の特性値とは別に，この示方書以外の構造物に関する示方書またはその他の規定により定められた材料物性の値．
設計基準強度　　設計において基準とする強度で，コンクリートの圧縮強度の特性値をとる．
設計強度　　材料強度の特性値を材料係数で除した値．
材料係数　　材料物性の特性値からの望ましくない方向への変動，供試体と構造物中との材料物性の差異，材料物性が限界状態に及ぼす影響，材料物性の経時変化等を考慮するための安全係数．
作用係数　　作用の特性値からの望ましくない方向への変動，作用の算定方法の不確実性，設計耐用期間中の作用の変化，作用の特性が限界状態に及ぼす影響，環境の影響の変動等を考慮するための安全係数．
構造物係数　　構造物の重要度，限界状態に達したときの社会的影響等を考慮するための安全係数．
構造解析係数　　構造解析の不確実性等を考慮するための安全係数．
部材係数　　限界値の計算上の不確実性，部材寸法のばらつきの影響，部材の重要度，

付　　録

　　　すなわち対象とする部材がある限界状態に達したときに構造物全体に与える影響等を
　　　考慮するための安全係数.
作用修正係数　　作用の規格値あるいは公称値を特性値に変換するための係数.
材料修正係数　　材料物性の規格値を特性値に変換するための係数.
設計応答値　　設計作用により生じる応答値に構造解析係数を乗じた値.
設計断面力　　設計作用の組合せによる断面力に構造解析係数を乗じた値で，力を照査
　　　指標とした設計応答値.
設計限界値　　材料物性の設計値を用いて算定した部材または構造物の性能を部材係数
　　　で除した値，および要求性能に応じて設定される照査の限界値.
設計断面耐力　　材料の設計強度を用いて算定した断面耐力を部材係数で除した値で，
　　　断面力を照査指標とした設計限界値.
線形解析　　材料の応力－ひずみ関係を線形と仮定し，変形による二次的効果を無視す
　　　る弾性一次理論による解析方法.
主鉄筋　　各種限界状態を満足させるために計算し，配置される鉄筋.
正鉄筋　　正の曲げモーメントに対する主鉄筋.
負鉄筋　　負の曲げモーメントに対する主鉄筋.
配力鉄筋　　応力を分布させる目的で，一般に正鉄筋または負鉄筋と，直角に配置され
　　　る鉄筋.
せん断補強鉄筋　　せん断力に抵抗するように配置される鉄筋.
スターラップ　　正鉄筋または負鉄筋を取り囲み，これに直角または直角に近い角度を
　　　なす横方向鉄筋.
折曲鉄筋　　正鉄筋または負鉄筋を曲げ上げ，または曲げ下げた鉄筋.
帯鉄筋　　軸方向鉄筋を所定の間隔ごとに取り囲んで配置される横方向鉄筋.
フープ鉄筋　　帯鉄筋のうち，円形あるいは楕円形に軸方向鉄筋を取り囲むもの.
中間帯鉄筋　　断面内を横切るように配置される横方向鉄筋.
らせん鉄筋　　軸方向鉄筋をらせん状に取り囲んで配置される横方向鉄筋.
用心鉄筋　　応力集中，温度や収縮によるひび割れに対して，用心のために用いる補助
　　　の鉄筋.
PC鋼材　　主に，プレストレスを与えるために用いる高強度の鋼材.
緊張材　　PC鋼材または類似の補強材を単独または数本束ねてプレストレッシングで
　　　きる状態にしたもの.

用　語

シース　　ポストテンション方式のプレストレストコンクリート部材において，緊張材を収容するため，あらかじめコンクリート中にあけておく穴を形成するための筒．

定着具　　緊張材の端部をコンクリートに定着し，プレストレスを部材に伝達するための装置．

接続具　　緊張材と緊張材を接続するための装置．

フレッティング疲労　　緊張材の素線同士が接触している部位で，こすれ合いや押しつけ合いにより，素線に蓄積される疲労．

プレテンション方式　　緊張材に引張力を与えておいてコンクリートを打ち込み，コンクリート硬化後に緊張材に与えておいた引張力を緊張材とコンクリートとの付着によりコンクリートに伝えてプレストレスを与える方法．

ポストテンション方式　　コンクリートの硬化後，緊張材に引張力を与え，その端部をコンクリートに定着させてプレストレスを与える方法．

有効高さ　　部材断面の圧縮縁から正鉄筋または負鉄筋の断面図心までの距離．

引張鉄筋比　　コンクリートの有効断面積に対する主引張鉄筋の断面積の比．ここに，有効断面積とは，有効高さと断面圧縮縁の幅との積である．

圧縮鉄筋比　　コンクリートの有効断面積に対する主圧縮鉄筋の断面積の比．

釣合い鉄筋比　　主引張鉄筋が設計降伏強度に達すると同時に，コンクリートの縁圧縮ひずみがその終局圧縮ひずみになるような断面の引張鉄筋比．

鉄筋の定着長　　設計断面における鉄筋応力を伝達するために必要な鉄筋の埋込み長さ．

あき　　互いに隣り合って配置された鉄筋あるいは緊張材やシースの純間隔．

かぶり　　鉄筋あるいは緊張材やシースの表面とコンクリート表面の最短距離．

純スパン　　はりやスラブの支承前面間の距離．

一方向スラブ　　相対する2辺で支持された長方形スラブ．

二方向スラブ　　4辺で支持された長方形スラブ．

ディープビーム　　はりの高さがスパンに対して比較的大きいはり．

コーベル　　柱前面より載荷位置までの距離とはり高さの比が1以下の片持ばり．

柱　　鉛直または鉛直に近い部材で，その長さが最小横寸法の3倍以上のもの．

線材モデル　　構造物を1次元の線材の組合せによって表すモデル．

有限要素モデル　　構造物を2次元あるいは3次元の有限要素の集合体として表すモデル．

非線形履歴モデル　　材料の応力－ひずみ関係，部材あるいは構造物の力と変位の関係の交番繰返し履歴を非線形で表すモデル．

付　表

付表-1　鉄筋コンクリート用棒鋼の機械的性質
(2010年制定 コンクリート標準示方書 基準編 JIS規格集, p.336参照)

種類の記号	降伏点または耐力 N/mm²	引張強さ N/mm²	伸び* 引張試験片	伸び* %	曲げ性 曲げ角度	曲げ性 内側半径	
SR 235	235 以上	380～520	2号	20 以上	180°	公称直径の1.5倍	
SR 235	235 以上	380～520	14A号	22 以上	180°	公称直径の1.5倍	
SR 295	295 以上	440～600	2号	18 以上	180°	径16 mm 以下	公称直径の1.5倍
SR 295	295 以上	440～600	14A号	19 以上	180°	径16 mm 超え	公称直径の2倍
SD 295A	295 以上	440～600	2号に準じるもの	16 以上	180°	呼び名D16以下	公称直径の1.5倍
SD 295A	295 以上	440～600	14A号に準じるもの	17 以上	180°	呼び名D16超え	公称直径の2倍
SD 295B	295～390	440 以上	2号に準じるもの	16 以上	180°	呼び名D16以下	公称直径の1.5倍
SD 295B	295～390	440 以上	14A号に準じるもの	17 以上	180°	呼び名D16超え	公称直径の2倍
SD 345	345～440	490 以上	2号に準じるもの	18 以上	180°	呼び名D16以下	公称直径の1.5倍
SD 345	345～440	490 以上	2号に準じるもの	18 以上	180°	呼び名D16超え 呼び名D41以下	公称直径の2倍
SD 345	345～440	490 以上	14A号に準じるもの	19 以上	180°	呼び名D51	公称直径の2.5倍
SD 390	390～510	560 以上	2号に準じるもの	16 以上	180°	公称直径の2.5倍	
SD 390	390～510	560 以上	14A号に準じるもの	17 以上	180°	公称直径の2.5倍	
SD 490	490～625	620 以上	2号に準じるもの	12 以上	90°	呼び名D25以下	公称直径の2.5倍
SD 490	490～625	620 以上	14A号に準じるもの	13 以上	90°	呼び名D25超え	公称直径の3倍

(注)　1 N/mm²＝1 MPa

*　異形棒鋼で，寸法が呼び名D32を超えるものについては，呼び名3を増すごとにこの表の伸びの値からそれぞれ2を減じる．ただし，減じる限度は4とする．

付表-2 異形棒鋼の寸法,単位質量およびふしの許容限度(JIS G 3112)

呼び名	公称直径 (d) mm	公称周長[*1] (l) cm	公称断面積[*1] (S) cm²	単位質量[*1] kg/m	ふしの平均間隔の最大値[*2] mm	ふしの高さ[*3] 最小値 mm	ふしの高さ[*3] 最大値 mm	ふしのすき間の合計の最大値[*4] mm	ふしと軸線との角度
D4	4.23	1.3	0.140 5	0.110	3.0	0.2	0.4	3.3	
D5	5.29	1.7	0.219 8	0.173	3.7	0.2	0.4	4.3	
D6	6.35	2.0	0.316 7	0.249	4.4	0.3	0.6	5.0	
D8	7.94	2.5	0.495 1	0.389	5.6	0.3	0.6	6.3	
D10	9.53	3.0	0.713 3	0.560	6.7	0.4	0.8	7.5	
D13	12.7	4.0	1.267	0.995	8.9	0.5	1.0	10.0	
D16	15.9	5.0	1.986	1.56	11.1	0.7	1.4	12.5	
D19	19.1	6.0	2.865	2.25	13.4	1.0	2.0	15.0	45°以上
D22	22.2	7.0	3.871	3.04	15.5	1.1	2.2	17.5	
D25	25.4	8.0	5.067	3.98	17.8	1.3	2.6	20.0	
D29	28.6	9.0	6.424	5.04	20.0	1.4	2.8	22.5	
D32	31.8	10.0	7.942	6.23	22.3	1.6	3.2	25.0	
D35	34.9	11.0	9.566	7.51	24.4	1.7	3.4	27.5	
D38	38.1	12.0	11.40	8.95	26.7	1.9	3.8	30.0	
D41	41.3	13.0	13.40	10.5	28.9	2.1	4.2	32.5	
D51	50.8	16.0	20.27	15.9	35.6	2.5	5.0	40.0	

[*1]〜[*4]における数値の丸め方は,JIS Z 8401の規則Aによる.

[*1] 公称断面積,公称周長,および単位質量の算出方法は,次による.
 なお,公称断面積 (S) は有効数字4けたに丸め,公称周長 (l) は小数点以下1けたに丸め,単位質量は有効数字3けたに丸める.

$$公称断面積\,(S) = \frac{0.785\,4 \times d}{100}$$

$$公称周長\,(l) = 0.314\,2 \times d$$

$$単位質量 = 0.785 \times S$$

[*2] ふしの平均間隔の最大値は,その公称直径 (d) の70%とし,算出した値を小数点以下1けたに丸める.

[*3] ふしの高さは,表5によるものとし,算出値を小数点以下1けたに丸める.

[*4] ふしのすき間の合計の最大値は,ミリメートルで表した公称周長 (l) の25%とし,算出した値を小数点以下1けたに丸める.ここで,リブとふしとが離れている場合,およびリブがない場合にはふしの欠損部の幅を,また,ふしとリブとが接続している場合にはリブの幅をそれぞれふしのすき間とする.

索　引

■あ行

アーチリブ破壊　133
あき　185
圧縮斜材　124
圧着継手　196
アノード反応　164
安全係数　58
安全性　56

異形鉄筋　14
一次横ひび割れ　38
イニシャルストレス　33

ウェブ　76

鋭角フック　188
永久荷重　59
S-N 線図　147
X 線造影撮影法　135
エポキシ樹脂塗装鉄筋　15, 168
縁応力　71
塩害　164
塩化物イオン濃度　165
円柱供試体　17

応力の再分配　26, 35
応力-ひずみ曲線　15, 21
押抜きせん断耐力　129
押抜きせん断破壊　129
帯鉄筋　27, 106, 187, 190
帯鉄筋柱　27, 106, 199
折曲げ鉄筋　120, 189, 193

■か行

回転半径　106
化学的侵食　178
重ね継手　43, 45, 196
荷重係数　58
ガス圧接継手　196
カソード反応　164
活荷重　60
割線弾性係数　21, 22
割裂付着破壊　42
かぶり　182
換算断面二次モーメント　71, 100, 102
乾燥クリープ　36
乾燥収縮　33

機械継手　198
基本クリープ　36
基本定着長　191
許容応力度設計法　51, 52

偶発荷重　60
クリープ　35
クリープひずみ　35
繰返し応力　147

限界状態設計法　52, 53
鋼材腐食発生限界深さ　171
公称周長　207
公称せん断応力度　118
公称断面積　207
公称直径　207

209

索　　引

孔食　165
剛性　99
構造解析係数　58
構造物係数　58
降伏強度　15
コーベル　132
誤差関数　166，169
骨材のかみ合い作用　120
コンクリート　2

■さ行

最小鉄筋量　186
最大鉄筋量　186
材料係数　58
座屈　106

支圧強度　19
支圧破壊　133
死荷重　60
軸方向圧縮力　26
軸力　26
自己収縮　33
シフトルール　125
主圧縮応力線　30
終局強度理論　80
終局耐力　81
主応力　29
主引張応力　29，118
使用性　57，64
シリンダー強度　17
じん性　26

水素イオン指数　4
水平用心鉄筋　199
水密性　64
スケーリング　175
スターラップ　120，187，190
ステンレス異形棒鋼　15
ステンレス鉄筋　168
ストラット　124
ストラット−タイモデル　134

ぜい性　27，120
ぜい性破壊　27
静弾性係数　21
性能照査設計　52
設計圧縮強度　18，20
設計圧縮疲労強度　156
設計応答値　61
設計基準強度　17，20
設計限界値　61
設計純ねじり耐力　139
設計せん断圧縮破壊耐力　133
設計せん断耐力　123
設計せん断伝達耐力　131
設計せん断疲労耐力　156
設計斜め圧縮破壊耐力　145
設計ねじり耐力　142
設計ねじりモーメント　139
設計引張強度　20
設計疲労強度　152
設計疲労耐力　156
設計付着強度　20
設計曲げ耐力　86
設計曲げひび割れ強度　20
ゼロアップクロス法　149
せん断圧縮破壊　31
せん断スパン　32
せん断応力　29
せん断耐力　119
せん断耐力算定式　119
せん断伝達　131
せん断伝達耐力　131
せん断伝達力　120，131
せん断破壊　118，120
せん断引張破壊　31
せん断疲労耐力　157
せん断補強鉄筋　31，118，120
せん断摩擦説　131
全断面有効の状態　100
せん断力　29

相互作用図　28，113
相対動弾性係数　176

索　引

■た行

耐久性　57，64
タイドアーチ　132
ダウェル作用　120，141
縦ひび割れ　40
たわみ　99
炭酸化反応　170
弾性荷重　101
弾性荷重法　101
弾性理論　68
短柱　106

中間帯鉄筋　188
中性化　170
中性化速度係数　173，174
中性化残り　174
中性化深さ　172
中立軸　68
中立軸位置　71
長柱　106
直角フック　188

継手　195，196
釣合断面　84
釣合鉄筋比　89
釣合鉄筋量　84
釣合ねじり　138
釣合破壊　115
釣合破壊点　28
釣合偏心量　115

ディープビーム　132
低減定着長　192
定着　43，190
定着長　191，193，194
デービス・グランビーユの法則　36
鉄筋　2
鉄筋コンクリート　2
鉄骨鉄筋コンクリート　3
電気防食法　169

土圧　60

凍害　175
等価応力ブロック　85
等価繰返し回数　151
等価長方形応力分布　85
動弾性係数　176
トラスアナロジー　120
トラス機構　123

■な行

内部ひび割れ　38
斜め圧縮破壊　31，124
斜め圧縮破壊耐力　124，143
斜め引張応力　118
斜め引張鉄筋　120
斜め引張破壊　31，118
斜めひび割れ　30，118

二次横ひび割れ　38

ねじふし鉄筋継手　196
ねじり係数　140
ねじり剛性　138
ねじり耐力　138
ねじり補強筋　138
ねじりモーメント　138
ねじり理論　141
熱間圧延異形棒鋼　14
熱間圧延棒鋼　14
熱膨張係数　4

■は行

配合強度　18
柱　106
はり　24
半円形フック　188
ハンチ筋　190

ひずみ硬化現象　15
ひずみの適合条件　69
引張強度　19
ひび割れ間隔　96

211

索　引

ひび割れ幅　96
疲労解析　151
疲労荷重　150
疲労強度　150
疲労限界状態　149, 157
疲労限界線　150
疲労寿命　148, 151
疲労振幅強度　153
疲労損傷度　151
疲労耐力　150
疲労破壊　147

フィックの拡散方程式　166
複合構造材料　33
腹鉄筋　120
部材係数　58
ふし　14, 42
付　着　41
付着強度　19
普通丸鋼　14
不動態被膜　164, 170
フランジ　76
フレア溶接　198
プレストレストコンクリート　3
分担せん断力　121

平均せん断応力度　118
平面保持の法則　68
変形適合ねじり　138
偏心　28
偏心軸方向力　111
変動応力　150
変動荷重　59, 148
変動断面力　150

ポアソン比　16, 22
細長比　106
ポップアウト　175

■ま, や行

マイナー則　151
マクロセルの腐食反応　164

曲げ圧縮破壊　25, 82
曲げ圧縮疲労破壊　155
曲げ応力　29, 71
曲げ応力度　71
曲げ剛性　99
曲げ耐力　81
曲げ破壊　81
曲げ破壊モード　84
曲げ引張破壊　25, 82
曲げひび割れ　96
曲げひび割れ強度　20
曲げ疲労破壊　154

ヤング係数　16, 21

有効高さ　31, 69
有効長さ　106

要求性能　56
用心鉄筋　199
横ひび割れ　37
呼び名　14, 207

■ら行

らせん効果　107
らせん鉄筋　27, 106
らせん鉄筋柱　27, 106, 200
立体トラス理論　141
リブ　14
リングテンション　39, 44

累積損傷理論　151
累積疲労損傷　151

レンジペア法　149

■欧文

a/d　31

CEB　9

索　引

fib	9	
FIP	9	
PC	2	
RC	2	

SD　14
S-N 線図　147
SR　14
SRC　14

X 線造影撮影法　135

執筆者紹介

大塚　浩司（おおつかこうじ）
東北学院大学名誉教授　学校法人東北学院常任理事
工学博士，技術士［総合技術監理部門，建設部門］，
特別上級土木技術者［鋼・コンクリート］

小出　英夫（こいでひでお）
東北工業大学教授　工学部都市マネジメント学科
工学博士

武田　三弘（たけだみつひろ）
東北学院大学教授　工学部環境建設工学科
博士（工学），コンクリート主任技士，コンクリート診断士

阿波　稔（あばみのる）
八戸工業大学教授　工学部土木建築工学科
博士（工学）

子田　康弘（こだやすひろ）
日本大学准教授　工学部土木工学科
博士（工学），コンクリート主任技士，コンクリート診断士

新版 鉄筋コンクリート工学 ［第2版］
──性能照査型設計法へのアプローチ

定価はカバーに表示してあります。

2013年4月1日　1版1刷発行	ISBN 978-4-7655-1834-5 C3051
2016年4月15日　2版1刷発行	
2021年2月5日　2版3刷発行	

著　者　大　塚　浩　司
　　　　小　出　英　夫
　　　　武　田　三　弘
　　　　阿　波　　　稔
　　　　子　田　康　弘
発行者　長　　滋　彦
発行所　技報堂出版株式会社

〒101-0051　東京都千代田区神田神保町1-2-5
電　話　営　業　(03)(5217)0885
　　　　編　集　(03)(5217)0881
　　　　FAX　　(03)(5217)0886
振替口座　00140-4-10
U R L　http://gihodobooks.jp/

日本書籍出版協会会員
自然科学書協会会員
土木・建築書協会会員

Printed in Japan

© Koji Otsuka, et al., 2016

装丁　ジンキッズ　　印刷・製本　三美印刷

落丁・乱丁はお取り替えいたします。

JCOPY　〈(社)出版者著作権管理機構　委託出版物〉
本書の無断複写は著作権法上での例外を除き禁じられています。複写される場合は，そのつど事前に，(社)出版者著作権管理機構（電話：03-3513-6969，FAX：03-3513-6979，E-mail：info@jcopy.or.jp）の許諾を得てください。